Luiz F. J. Maia

Você consegue!

EDITORA CIÊNCIA MODERNA

Você Consegue! Uma maneira lúdica de desenvolver o raciocínio e a inteligência pelo exercício neuronal, dirigido à resolução de problemas e quebra-cabeças

Editor: Paulo André P. Marques

Produção Editorial: Dilene Sandes Pessanha

Capa: Daniel Jara

Diagramação: Daniel Jara

Copidesque: Equipe Ciência Moderna

FICHA CATALOGRÁFICA

MAIA. Luiz Fernando Jacintho.

Você Consegue! Uma maneira lúdica de desenvolver o raciocínio e a inteligência pelo exercício neuronal, dirigido à resolução de problemas e quebra-cabeças.

Rio de Janeiro: Editora Ciência Moderna Ltda., 2022.

1. Lógica Matemática
I — Título

ISBN: 978-65-5842-130-6 CDD 510.3

Editora Ciência Moderna Ltda.
R. Alice Figueiredo, 46 – Riachuelo
Rio de Janeiro, RJ – Brasil CEP: 20.950-150
Tel: (21) 2201-6662/ Fax: (21) 2201-6896
E-MAIL: LCM@LCM.COM.BR
WWW.LCM.COM.BR **01/22**

Apresentação

A proposta deste texto é de apresentar problemas variados e discutir os caminhos que podem levar às suas soluções, salientando similaridades e estruturas comuns a problemas aparentemente diferentes, com o objetivo de exercitar processos de raciocínio e estimular o desenvolvimento de novas estruturas neuronais.

Muitos problemas aqui discutidos foram recuperados de memória, não tendo sido possível buscar suas fontes primárias. A origem de grande parte desses problemas e de difícil determinação.

Pretendeu-se atingir um espectro amplo de leitores, de diversas idades e níveis de formação. O traço de união buscado entre esses possíveis leitores é a curiosidade intelectual, a disposição de enfrentar desafios e a capacidade de sentir uma intensa satisfação íntima ao resolver um problema, mesmo sem plateia para aplaudir.

Adicionalmente, o título pretende que o leitor responda de forma satisfatória a pergunta proposta por Andrew Jeffrey: "eu consigo ou ainda não consegui?".

Agradece-se antecipadamente às críticas (mesmo contundentes), comentários e principalmente contribuições, que podem ser encaminhadas ao endereço luiz.maia@ufsc.br .

Introdução

Resolver problemas ou tentar resolvê-los, de uma maneira geral, constitui um exercício mental que estimula o desenvolvimento e fortalecimento de estruturas neuronais que tornarão cada vez mais fácil resolver outros problemas, da mesma forma que o exercício físico desenvolve e fortalece os músculos.

Um problema formal contém informações de três tipos: os dados, as restrições e os objetivos. Os dados do problema caracterizam sua situação ou estado inicial, as restrições especificam as ações, operações ou transformações que podem ser efetuadas nesse ambiente, e os objetivos descrevem o estado final buscado. Nem sempre todas essas informações estão claramente explicitadas em seu enunciado.

A discussão dos problemas procura detalhar o processo de raciocínio seguido, passo a passo, procurando enfatizar a importância do modelo usado para a representação do problema.

O livro está organizado de forma a permitir sua leitura quase em qualquer ordem. Considerada essa intenção, é inevitável a ocorrência de redundâncias entre alguns capítulos, embora se tenha tentado minimizá-Ias.

Muitos problemas podem ser representados em um espaço adequado de representação, o Espaço de Estados do Problema, e cada ação válida produz uma transição de estado. Dados o estado inicial do problema e o estado final desejado, a meta resolver o problema, consiste em identificar a sequência de transições de estado que levam do inicial ao final. Alguns problemas podem especificar que a solução seja obtida com o menor número possível de transições, o que é um problema de otimização.

A meta ou estado final desejado pode ser especificado por uma configuração determinada, como no caso das peças deslizantes, ou como um conjunto de restrições, como no caso do xadrez, quando um jogador está sob xeque-mate e perde a partida na situação em que, na sua vez de jogar, seu rei está ameaçado de captura e qualquer jogada válida que ele possa fazer não modifica essa situação.

Neste texto são discutidos problemas variados que exigem diferentes abordagens para sua solução. O critério para sua seleção foi, em primeiro lugar, a preferência pessoal, a dificuldade encontrada para resolvê-los por primeira vez e a satisfação sentida ao chegar à solução.

Procurou-se discutir somente problemas bem formulados, evitando-se "pegadinhas" e ambiguidades. Os caminhos seguidos para solucionar alguns problemas têm fundamentos teóricos "sérios", que são discutidos superficialmente. Sempre que aplicável, estratégias utilizadas especificamente para a solução de um problema foram generalizadas e enfatizada sua aplicação a outros problemas similares.

Não houve a preocupação de estabelecer um critério muito rígido para o agrupamento dos problemas discutidos nos capítulos, que, como já dito, podem ser lidos quase em qualquer ordem.

Depois da divulgação do cubo do Rubik, em 1981 ele se tornou uma obsessão que ainda persiste até hoje, com suas múltiplas variações e dimensões. Pretende-se, se o tempo permitir, abordar o cubo de Rubik e seus descendentes em uma outra publicação futura.

Sumário

Capítulo 1 - Travessias

O fazendeiro, o lobo, a cabra e o fardo de alfafa

Este problema clássico já foi encontrado em documentos do século oito. Um fazendeiro, conduzindo um lobo, uma cabra e um fardo de alfafa, chega à margem de um rio que deve ser atravessado em um bote lá ancorado. No bote o fazendeiro só pode levar um item de cada vez, mas a cabra não pode ficar com a alfafa sem a presença do fazendeiro, pois a comeria toda, e o lobo também não pode ficar sozinho com a cabra, pois a devoraria. Como pode o fazendeiro transportar o lobo, a cabra e a alfafa para a outra margem do rio com segurança?

Missionários e canibais

Uma variante clássica do problema anterior é o dos missionários e canibais. Três missionários e três canibais, em sua jornada, encontram um rio que deve ser atravessado usando um bote. No bote cabem somente duas pessoas, ou seja, diversas viagens devem ser feitas. Em nenhum instante poderá ficar em uma margem um número de canibais superior ao de missionários, pois estes últimos seriam devorados. Um complicador adicional é que somente um dos canibais sabe remar, isto é, pode cruzar de uma margem à outra do rio sozinho no bote. Como pode ser feita a travessia com segurança para os missionários?

Tente resolver os problemas das travessias antes de ler o restante do capítulo.

Solução do problema do fazendeiro

No problema do fazendeiro, como em qualquer outro problema, é conveniente adotar uma representação adequada para a situação. Representando por L, C e A o lobo, a cabra e a alfafa, e por F e B o fazendeiro e o bote, a situação inicial pode ser representada por

(LCAFB) - ()

com todos os personagens na margem esquerda do rio e nenhum na margem direita.

Qualquer deslocamento válido levará o fazendeiro e o bote e, opcionalmente, um dos outros itens, para a margem oposta. Se o primeiro deslocamento for somente de F em B da margem esquerda para a direita, nenhum progresso será feito, pois o deslocamento seguinte só pode ser o inverso, retornando à situação inicial, além da confusão que pode ocorrer na margem esquerda. Se o fazendeiro atravessar sozinho o rio, a cabra comerá a alfafa, se não for comida antes pelo lobo. No primeiro deslocamento, então, algo mais deve ser levado no bote.

Se nesse primeiro deslocamento for levado o lobo ou a alfafa, ficará na margem esquerda, sem a presença do fazendeiro, a dupla cabra-alfafa ou a dupla lobo-cabra, com as consequências indesejadas previstas. Então, nessa primeira viagem, só pode ser levada a cabra, deixando sozinhos na margem esquerda o lobo e a alfafa, sem perigo. Deixando a cabra na margem direita, o fazendeiro volta com o bote, ficando a situação

(LAFB) - (C)

Na viagem seguinte, o fazendeiro pode levar o lobo ou a alfafa. Pela simetria da situação, qualquer escolha é válida. O fazendeiro escolhe, por exemplo, levar o lobo, produzindo a situação

(A) - (LCFB)

Agora o fazendeiro não pode voltar sozinho no bote, deixando o lobo e a cabra na margem direita do rio, então ele tem que trazer a cabra de volta para a margem esquerda, pois trazendo o lobo de volta não teria feito nenhum progresso.

(CAFB) - (L)

As ações seguintes do fazendeiro devem ser levar a alfafa para a outra margem, deixando-a sozinha com o lobo, sem perigo, e voltar para buscar a cabra, completando a travessia

(C) - (LAFB)

(CFB) - (LA)

() - (LCAFB)

com o que se soluciona o problema.

Solução do problema dos missionários e canibais

Usando o mesmo tipo de representação, designando por M cada missionário, por C o canibal que sabe remar, por c cada um dos outros dois canibais e por B o bote, a situação inicial é

(MMMCccB) - ()

Invertendo a sequência de movimentos, se for possível colocar os três missionários, com segurança, na outra margem do rio, junto com o canibal que sabe remar, ele pode, em duas viagens, buscar os canibais que ficaram na outra margem, completando a travessia. A configuração descrita,

(cc) - (MMMCB)

pode ser considerada uma meta parcial a ser atingida, a partir da qual o problema pode ser resolvido com facilidade.

Analisando as possibilidades para a primeira travessia, devemos liminarmente eliminar a hipótese de o bote atravessar com um único ocupante, pois o mesmo teria de retornar para trazê-lo de volta, restaurando a situação inicial. A hipótese de seguirem dois missionários no bote será fatal para o terceiro, que ficará sozinho com três canibais. As hipóteses possíveis para a primeira viagem são dois canibais ou um missionário e um canibal.

Em qualquer caso, só pode trazer de volta o bote o canibal que sabe remar, na primeira hipótese, e o missionário, na segunda, deixando na margem direita um canibal. A situação fica

(MMMCcB) - (c)

No próximo passo não podem ir dois missionários, pois deixariam o terceiro com dois canibais, nem um missionário e um canibal, pois ao chegar à margem oposta estaria um único missionário com dois canibais, com consequências desastrosas para ele. A única possibilidade é que os dois canibais atravessem o rio. Isso só pode ser possível se o canibal que sabe remar estiver na margem esquerda, ou seja, o primeiro canibal deixado na margem direita é um dos que não sabe remar. O canibal que sabe remar leva então seu colega para o outro lado e retorna com o bote, ficando a situação

(MMMCB) - (cc)

Note que essa situação é exatamente oposta à meta intermediária identificada antes.

Agora o único movimento seguro é dois missionários atravessarem o rio, resultando na configuração

(MC) - (MMccB)

onde só resta um missionário na margem inicial do rio.

O retorno do bote oferece como única possibilidade um missionário e um canibal, já que o retorno do bote com dois missionários simplesmente anularia a travessia anterior, resultando na situação

(MMCcB) - (Mc)

Agora poderiam os dois missionários atravessar o rio, ficando em segurança na outra margem e o canibal que estava lá voltar para buscar os dois que ficaram, mas esse canibal não sabe remar! Precisa-se, então, trocar a posição desse canibal com o que sabe remar. Isso pode ser feito com facilidade: um missionário atravessa o rio com o canibal que sabe remar e retorna com o outro, produzindo a situação

(MMccB) - (MC)

Agora os dois missionários podem atravessar o rio e, dessa outra margem, o canibal que sabe remar, volta para transportar cada um de seus colegas que ficaram na margem esquerda, completando a travessia e resolvendo o problema.

(cc) - (MMMCB)

(CccB) - (MMM)

(c) - (MMMCcB)

(CcB) - (MMMc)

() - (MMMCccB)

Análise do problema do fazendeiro

No problema da travessia do fazendeiro, o primeiro ciclo, levando a cabra e retornando com o bote, é o único possível. No segundo ciclo o fazendeiro deve trazer de volta a cabra, pois ela não pode ficar só com a alfafa ou o lobo, um dos quais deve ser levado na travessia de ida. No terceiro ciclo, se o lobo ficou só na margem oposta, leva-se a alfafa e retorna-se; se foi a alfafa que ficou na outra margem, leva-se o lobo e retorna-se.

Em qualquer caso, o lobo e a alfafa ficaram na margem oposta, em segurança. O fazendeiro agora pode fazer a travessia final, com a cabra, completando a meta. Pela pequena dimensão do problema, medida pelo número de alternativas possíveis de travessias, a análise é simples. Em uma única situação se tem duas alternativas possíveis, mas os caminhos voltam a se unificar já no ciclo seguinte.

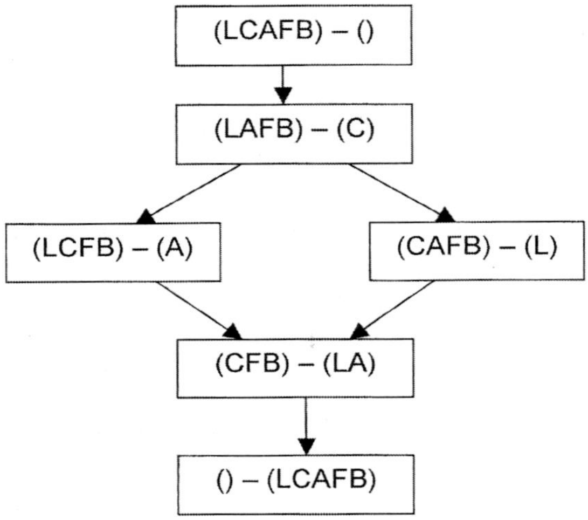

Travessia dos soldados

Nove soldados, em sua marcha, chegam a um rio que deve ser atravessado, mas o único meio disponível é um bote que encontram na margem, com dois meninos se divertindo. Os meninos concordam em ajudar na travessia da tropa, mas o bote é somente capaz de suportar um soldado ou então dois meninos. Quantas travessias o bote deve realizar para cumprir a tarefa? Pense antes de ver a solução, que é trivial.

Travessia dos namorados

Outro problema clássico, velho de alguns séculos, é o apresentado a seguir. Três casais de namorados chegam às margens de um rio onde tem um bote para fazer a travessia, com capacidade para duas pessoas. As moças, no entanto, não admitem ficar com um rapaz estranho, no bote ou em qualquer das margens, se seu namorado não estiver também presente. Todos, evidentemente, são capazes de remar. Como efetuar a travessia?

Três saqueadores cruzando o rio

Três saqueadores encontram, em uma caverna, um tesouro enterrado por um obscuro pirata, constituído por moedas de ouro e prata e diferentes pedras preciosas. Eles dividem o tesouro em três partes, cada uma em uma bolsa com pesos e volumes equivalentes.

Como a distribuição foi feita no escuro interior da caverna, só ao sair dela eles podem avaliar o valor de cada parte, chegando à conclusão de que a bolsa de Antônio valia 800, a de Bernardo 500 e a de Cláudio 300. Ficou decidido, como combinado anteriormente, que a divisão do tesouro ficaria dessa forma mesmo.

No caminho de retorno, necessitando atravessar um rio, defrontaram-se com um problema inesperado. O único bote disponível só tinha capacidade para duas pessoas ou uma pessoa e uma bolsa. Tendo estabelecido que nenhum deles poderia ficar só em uma margem ou no bote com uma parte do tesouro superior a seu quinhão, como efetuar a travessia?

Número de travessias dos soldados

Se na primeira viagem fosse um soldado ou um menino, o bote teria de ser trazido de volta, restaurando a situação inicial. A primeira travessia deve ser feita com dois meninos no bote, voltando um deles de volta com o bote. A seguir, um soldado atravessa o rio e o bote é trazido de volta pelo menino que tinha ficado na outra margem.

Com essa sequência de travessias, um soldado foi transportado para a outra margem, em quatro travessias, ficando oito soldados e os dois meninos na margem original. Os soldados que ficaram podem ser transportados, cada um, em mais quatro travessias do bote, seguindo a mesma estratégia.

Em 36 travessias os nove soldados são transportados para a outra margem, requerendo-se mais uma travessia para levar os dois meninos que ficaram na margem oposta para a original, onde podem continuar brincando. O transporte de todas as pessoas requererá, portanto, 37 travessias.

Como os namorados atravessam o rio

O problema fica trivial, com a experiência adquirida nos problemas anteriores. Inicialmente, duas moças atravessam o rio, uma volta e leva a terceira para a outra margem. Ficam, então, os três rapazes na margem inicial e as três moças na margem oposta, com o bote.

Agora uma moça retorna à margem inicial, fica com seu namorado e os outros dois rapazes atravessam para a outra margem. Ficam então um casal na margem inicial e dois casais na margem oposta, com o bote. A seguir, um casal retorna para a margem inicial, o rapaz deixa lá sua namorada e leva o outro rapaz para a margem oposta, ficando lá, com o bote, os três rapazes e uma moça.

Completando a travessia, a moça retorna com o bote e transporta cada uma das duas que ficaram na margem inicial para a margem oposta.

A travessia dos saqueadores

Na primeira travessia, Bernardo leva sua bolsa de 500 para a outra margem e retorna. Na seguinte, Antônio leva a bolsa de 300 para a outra margem e retorna. A seguir Bernardo e Cláudio atravessam o rio, retornando Cláudio com sua bolsa de 300, depois Antônio atravessa o rio com sua bolsa de 800 e Bernardo retorna com sua bolsa de 500.

Completando a travessia, Bernardo e Cláudio atravessam para a outra margem, Antonio retorna para buscar a bolsa de 300 e, depois, Bernardo retorna para buscar sua bolsa de 500. Note-se que em nenhum instante ficaram dois salteadores em uma margem com parcelas do tesouro superior à soma dos seus quinhões.

Representando os salteadores pelas iniciais de seus nomes e as bolsas por 8, 5 e 3, a tabela a seguir resume as travessias necessárias, da esquerda para a direita, iniciando com A B C 8 5 3..

A C 8 3	< B 5 >>>	
A C 8 3	<<< B >	5
B C 8	< A 3 >>>	5
B C 8	<<< A >	5 3
A 8	< B C >>>	5 3
A 8	<<< C 3 >	B 5
C 3	< A 8 >>>	B 5
C 3	<<< B 5 >	A 8
3 5	< B C >>>	A 8
3 5	<<< A >	B C 8
5	< A 3 >>>	B C 8
5	<<< B >	A C 8 3
< B 5 >>>	A C 8 3	

terminando com A B C 8 5 3 na outra margem.

Capítulo 2 - Manobras Ferroviárias

Transposição de vagões

Este problema consiste em inverter as posições de dois vagões A e B em uma via férrea circular, com um desvio e um túnel, como mostrado na figura. Os dois vagões (A e B), inicialmente, estão em extremidades opostas do túnel (T), e uma Iocomotiva (L) está no desvio. A locomotiva pode ser acoplada a um vagão em qualquer de suas extremidades e os vagões podem ser acoplados entre si. A restrição importante é que os vagões não podem passar pelo túnel, somente a locomotiva. Que manobras podem conduzir ao estado final desejado, mostrado na segunda figura?

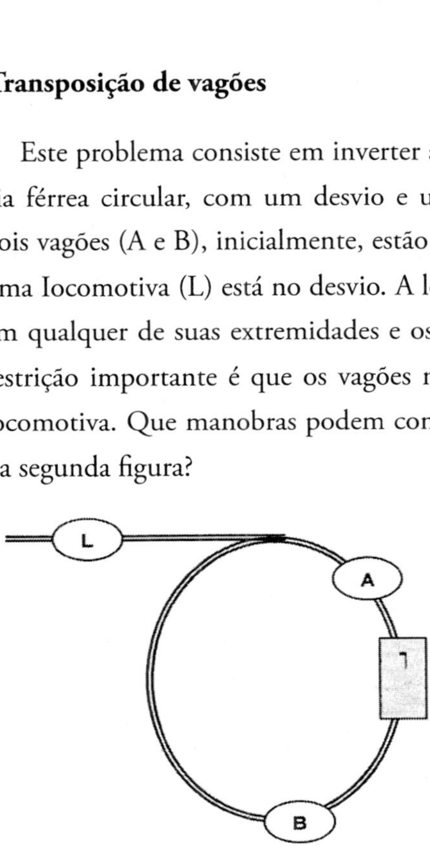

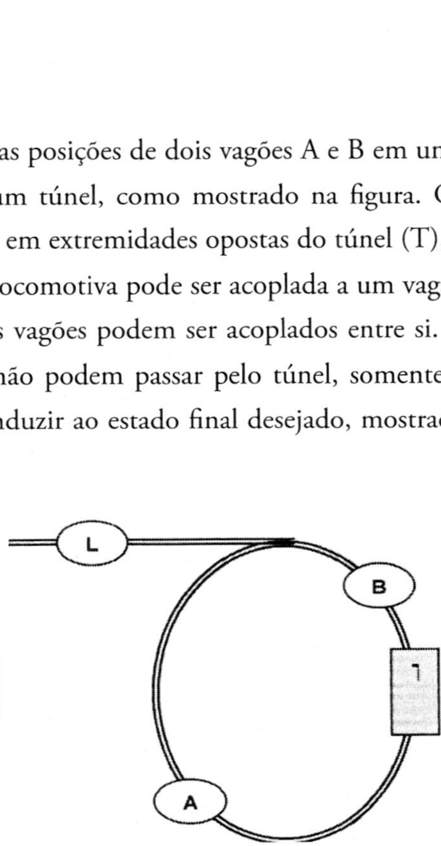

Supõe-se, ainda, que tanto o desvio como a via entre o desvio e qualquer das bocas do túnel é capaz de receber, com folga, a locomotiva mais os dois vagões. Com esses dados, determine a sequência de manobras que resolve o problema.

Cruzamento de trens

Um problema de Sam Loyd consiste no encontro de duas composições ferroviárias em uma via férrea única, em um local onde existe apenas um pequeno desvio. A composição que vem da esquerda é formada por uma locomotiva tracionando dois vagões, e a que vem da direita tem um único vagão puxado por uma locomotiva.

É possível entrar no desvio vindo da esquerda, e sair também para a esquerda, mas sua extensão é capaz de abrigar somente um vagão ou uma locomotiva. Os vagões podem ser engatados e desengatados livremente, mas não podem ser engatados na frente de uma locomotiva.

Que manobras são necessárias para que as duas composições possam cruzar uma pela outra e continuar para seus destinos, ABC para a direita e PQ para a esquerda?

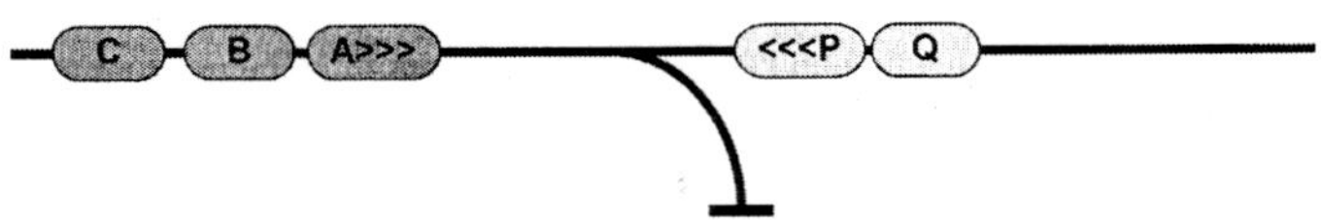

O desafio pode ser tornado mais rigoroso penalizando a execução de uma manobra que tenha que ser desfeita, por inútil, ou atribuindo a solução do problema à outra pessoa, que pode ter um melhor desempenho pela observação dos erros de seu antecessor.

O problema pode ser solucionado em quatro manobras simples, cada uma delas constituída por algumas operações elementares, como descrito mais adiante, mas, antes de ver a solução, será saudável tentar achar a solução por conta própria.

Solução da transposição de vagões

No problema da travessia do fazendeiro, a cabra foi levada para a outra margem e teve que ser trazida de volta para, finalmente, ser levada de forma definitiva para a outra margem. Neste problema, também deve ser feita uma manobra preparatória, que aparentemente não contribui para a solução do problema, mas, que é de fundamental importância.

Essa manobra objetiva inverter as posições da locomotiva e do vagão A, o que pode ser feito da seguinte forma: A locomotiva sai do desvio, desce pela via à esquerda, engata o vagão B, sobe, entra no desvio, desengata o vagão, recua e desce na via, ficando a situação da figura da esquerda, a seguir.

Na sequência, a locomotiva sobe na via pela direita, atravessando o túnel, engata o vagão A, entra no desvio, engata o vagão B em A, recua, desce a via pela esquerda, desengata o vagão B, sobe e entra no desvio, lá deixando o vagão A e recua, ficando a situação mostrada na figura da direita a seguir.

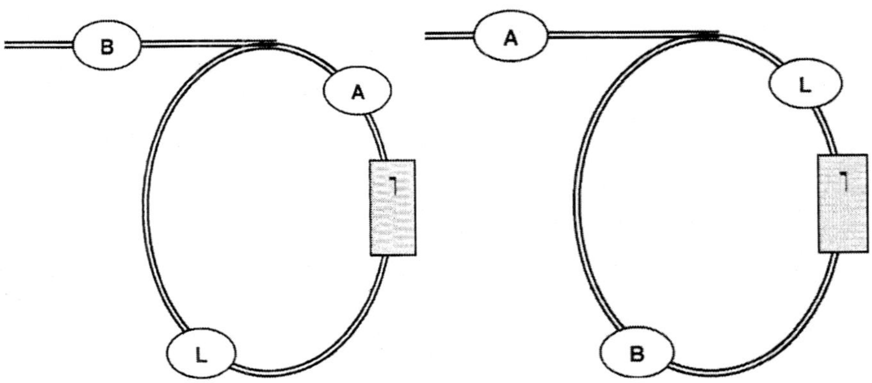

Se o problema não foi ainda resolvido, tente completar a solução a partir dessa última posição.

Dando sequência, a locomotiva desce pela direita, atravessando o túnel, e empurra o vagão B deixando-o na parte superior direita da via, resultando na posição da figura da esquerda, abaixo.

A seguir, a locomotiva sobe pela esquerda, entra no desvio, engata o vagão A, recua, desce pela esquerda desengatando e deixando o vagão A na parte de baixo da via, sobe e entra no desvio, completanto a solução do problema.

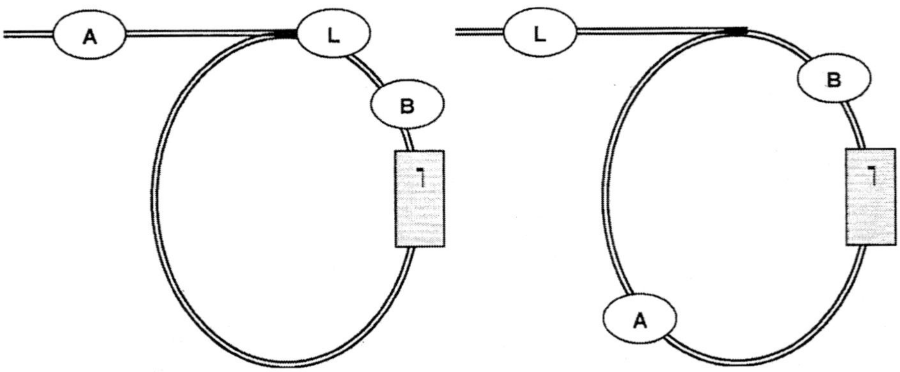

Solução do cruzamento de trens

A primeira manobra consiste em a locomotiva A recuar seus vagões, abrindo espaço, desengatar e avançar, entrando no desvio, permitindo que a composição da direita avance para a esquerda, ultrapassando o desvio.

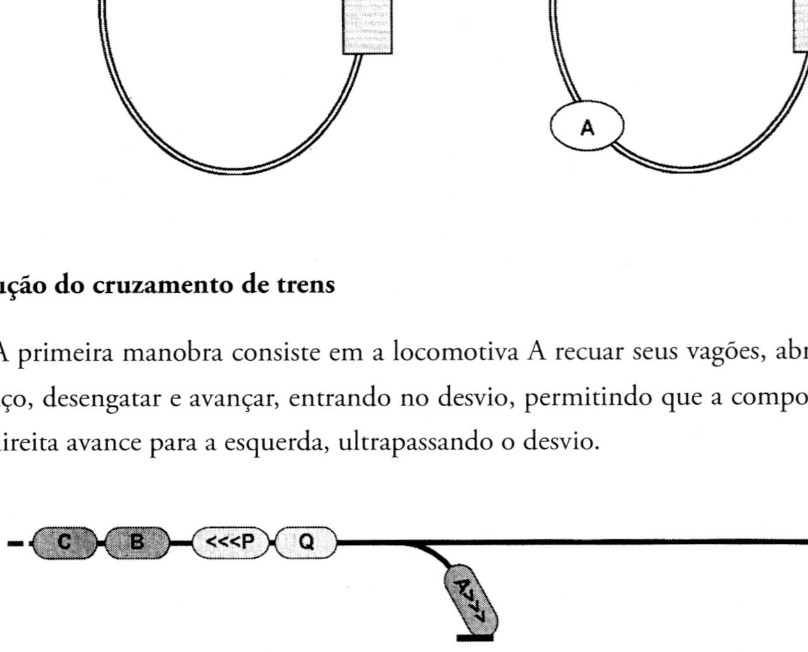

Agora a locomotiva P desengata o seu vagão, a locomotiva A recua, engata o vagão Q e o leva para a direita, permitindo que a locomotiva P entre no desvio de marcha a ré.

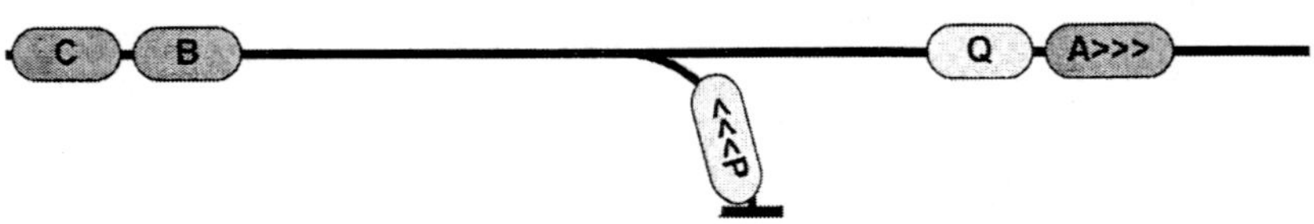

Agora a locomotiva A retorna de marcha a ré, engata os vagões B e C e leva toda a composição para a direita.

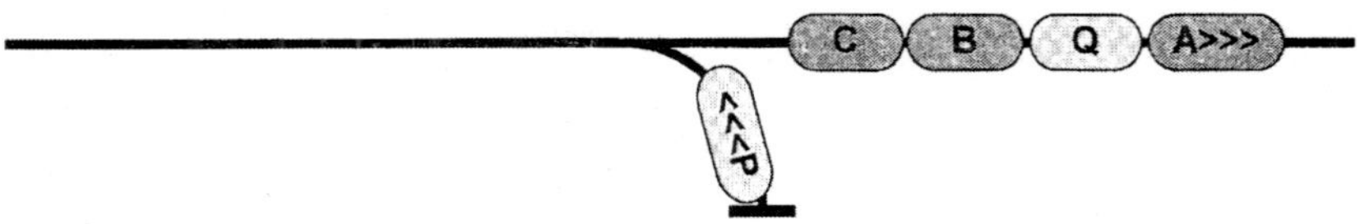

A seguir, a locomotiva P sai do desvio, retorna de marcha a ré, engata e puxa os três vagões para a esquerda. Retornando de ré, deixa o vagão Q no desvio e volta para a esquerda.

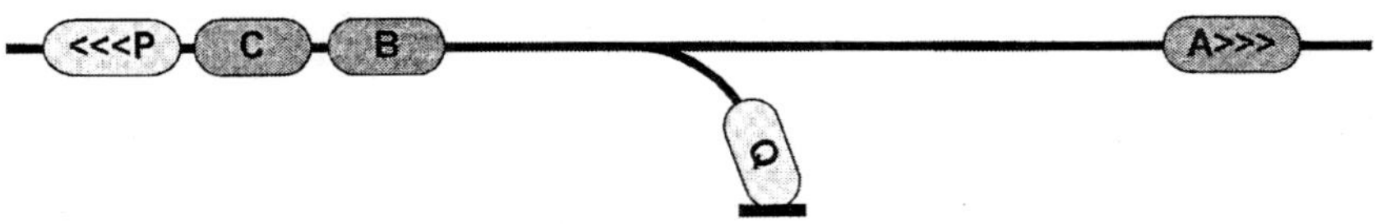

Finalmente, a locomotiva A recua, engata seus vagões B e C e segue viagem, enquanto a locomotiva P recua, apanha seu vagão Q no desvio e também segue viagem.

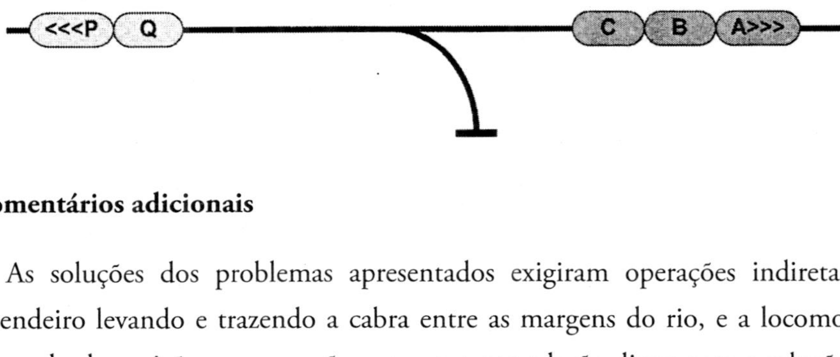

Comentários adicionais

As soluções dos problemas apresentados exigiram operações indiretas, o fazendeiro levando e trazendo a cabra entre as margens do rio, e a locomotiva trocando de posição com o vagão, sem aparente relação direta com a solução do problema.

Essa situação pode ser generalizada, e tem relação com o estabelecimento de metas parciais ou intermediárias. "Se o estado inicial fosse este, a solução seria mais fácil". Se esse estado pode ser atingido a partir do estado inicial, a solução do problema é facilitada.

Também é importante na solução dessa categoria de problemas o desenvolvimento da capacidade de planejar as ações, antecipando suas consequências, em vez de tentar desordenadamente manobras possíveis, mas que não levam a nenhum progresso na solução do problema.

Ultrapassagem de trens

Uma locomotiva de serviço de uma via férrea, com cinco vagões, chega a uma estação e atrás está chegando à estação, na mesma direção, um longo trem expresso de passageiros. Na estação existe um pequeno desvio capaz de acomodar três vagões ou dois vagões e uma locomotiva. Que manobras são necessárias para que o trem expresso possa ultrapassar a lenta composição de serviço e continuar sua viagem?

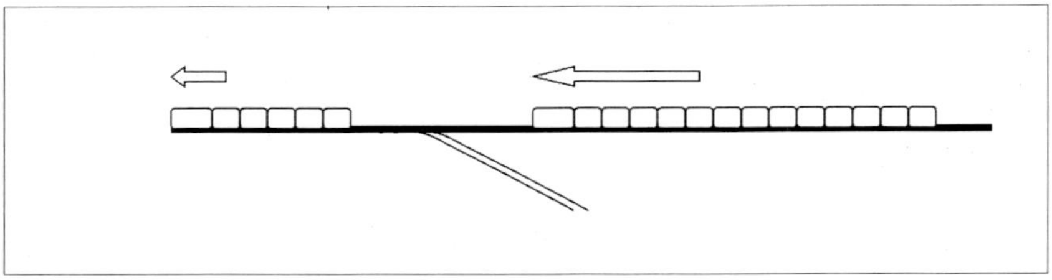

Tente resolver o problema antes de verificar a solução, apresentada a seguir.

Outro cruzamento de trens

Um trem com a locomotiva tracionando dois vagões encontra-se com outro trem, em sentido contrário, com a locomotiva tracionando três vagões. Como podem os trens cruzarem, com o auxílio de um desvio onde só cabe um vagão ou uma locomotiva ? Os vagões podem ser engatados ou desengatados à vontade, mas não na frente de uma locomotiva.

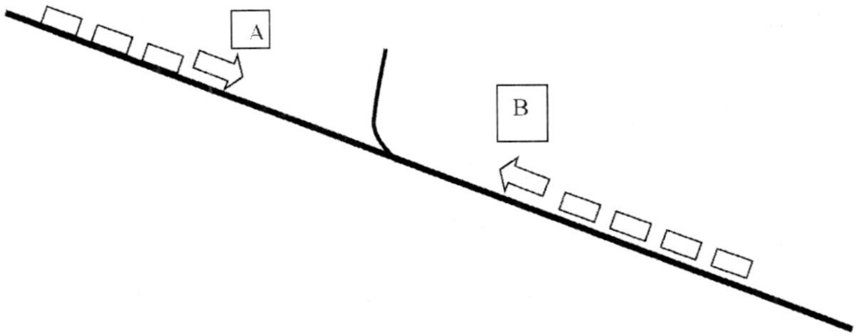

Solução da ultrapassagem de trens

O trem de serviço entra de marcha a ré no desvio, lá deixando três vagões, e avança, deixando espaço na via para o trem expresso. Este avança, entra no desvio de marcha a ré, engatando os três vagões, avança saindo do desvio e retorna de ré pela via, desengatando os vagões de serviço. Agora a locomotiva com os dois vagões entra no desvio de ré e o trem expresso pode continuar seu trajeto. A locomotiva de serviço sai do desvio e desce de ré pela via até engatar os três vagões que foram deixados lá e segue, em marcha lenta, atrás do trem expresso.

Solução do outro cruzamento de trens

A primeira providência é inverter as posições das locomotivas. B recua, desengata seus vagões e avança, entrando no desvio. A então avança, ultrapassando o desvio e desengata seus vagões. B recua, engata os três vagões de A e desloca-se para a esquerda. Agora A recua, entrando no desvio, e B recua, engatando seus quatro vagões nos três vagões de A, avança para a esquerda e desengata seus vagões.

A recua, engata os vagões, vai para a direita e recua, deixando o último vagão no desvio, sai do desvio e desloca-se para a esquerda, desengata os vagões, avança para a direita, recolhe o vagão no desvio, sai do desvio e retorna para a esquerda.

Essa operação é repetida mais duas vezes, ficando A com seus três vagões originais e B com seus quatro vagões, seguindo viagem. Como descrito, a ordem dos vagões da composição A fica invertida, mas é trivial, sem manobras adicionais, manter a ordem original.

Capítulo 3 - Representação do Conhecimento

Cobertura do Tabuleiro de Xadrez

Dispõe-se de um tabuleiro comum de xadrez, com 64 casas, e de um conjunto de peças de dominós, cada uma das quais pode cobrir exatamente duas casas do tabuleiro. É possível cobrir inteiramente o tabuleiro de xadrez com 32 peças de dominó?

A resposta é trivialmente simples, pois a primeira linha pode ser coberta com quatro dominós e as demais linhas da mesma forma. Pode-se até explorar coberturas com algum senso estético, mas a questão seguinte é desafiadora.

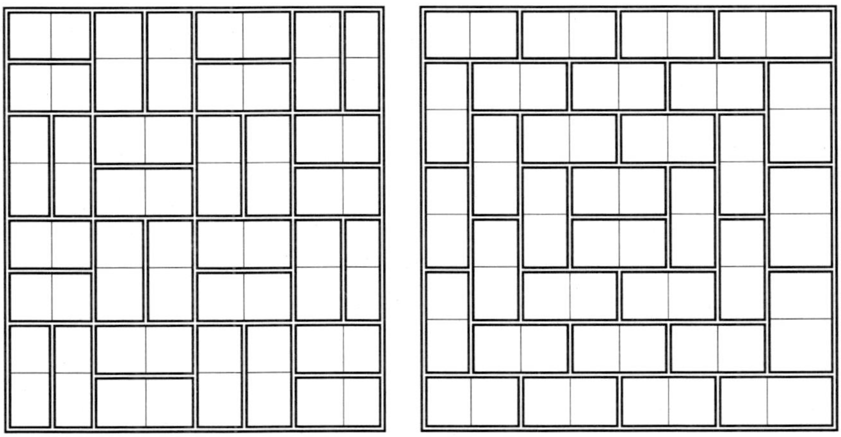

Mutilando o tabuleiro de xadrez, retirando duas casas de cantos diagonalmente opostos, será possível cobrir o tabuleiro mutilado, agora com 62 casas, com 31 peças de dominó?

Existe uma grande diferença entre provar uma possibilidade e provar uma impossibilidade. Para provar uma possibilidade, basta mostrar um único caso em que essa possibilidade se concretize, mas para provar o contrário é muito mais complicado. No caso do problema proposto, basta mostrar uma cobertura possível para confirmar a hipótese, mas como negá-la?

Interrompa a leitura e decida, pode ou não pode, o tabuleiro mutilado, agora com 62 casas, ser coberto com 31 peças de dominó?

Depois de você pensar...

Um tabuleiro normal de xadrez tem suas casas alternadamente brancas e pretas, de forma que não existem duas casas adjacentes da mesma cor. As casas diagonalmente opostas em um tabuleiro de xadrez (de 8 x 8 casas) são da mesma cor, ambas brancas ou pretas. Retirando-se essas casas, o tabuleiro ficará com 32 casas de uma cor e com 30 de outra.

Como cada dominó só pode cobrir duas casas adjacentes, portanto, de cores diferentes, 30 dominós podem cobrir 60 casas do tabuleiro mutilado, 30 de cada cor, restando duas casas da mesma cor que não podem ser cobertas pelo trigésimo primeiro dominó, pois não podem ser adjacentes, e o dominó só pode cobrir duas casas adjacentes, de cores diferentes.

A resposta então, para o segundo problema de cobertura do tabuleiro mutilado, é não! Percebe-se o poder de uma representação adequada comparando os dois diagramas abaixo, correspondentes ao tabuleiro mutilado.

No tabuleiro da direita, graças ao realce das casas claras e escuras, percebe-se com clareza mais imediata que as casas retiradas são ambas da mesma classe, claras (no caso mostrado) ou escuras, resultando em um tabuleiro que não tem mais o mesmo número de casas claras e escuras.

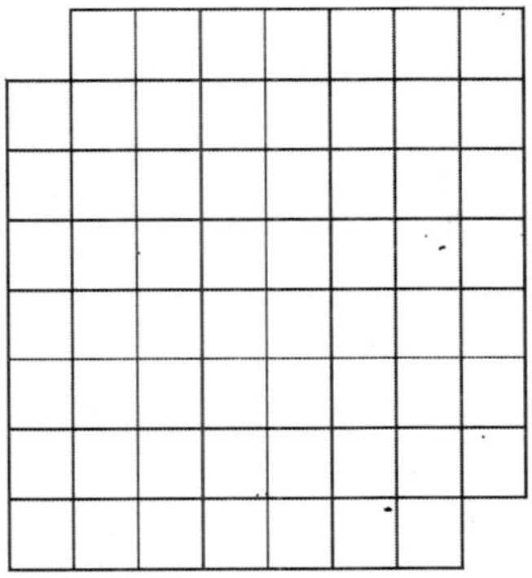

Generalização

Pode-se tentar generalizar o problema para tabuleiros de quaisquer dimensões, não necessariamente quadrados, expressas essas dimensões em número de casas na horizontal e na vertical. Se as duas dimensões são ímpares, o número de casas do tabuleiro será ímpar, e tanto o tabuleiro completo quanto o mutilado, que terão um número impar de casas, e suas casas opostas retiradas para formar o tabuleiro mutilado serão sempre da mesma cor, não podem ser completamente cobertos pelos dominós, pois cada dominó cobre exatamente duas casas, deixando uma última isolada, vazia.

Se o tabuleiro tiver um número par de casas tanto na horizontal como na vertical, o tabuleiro completo sempre poderá ser coberto pelos dominós e o tabuleiro mutilado nunca, pois as casas retiradas nos dois cantos diagonalmente opostos serão sempre da mesma cor, o que deixará um número diferente de casas brancas e pretas.

Se o tabuleiro tiver um número par de casas, digamos na horizontal, e um número de casas ímpar na vertical, tanto o tabuleiro completo como o mutilado podem ser cobertos pelos dominós. No caso do tabuleiro completo, cada linha pode ser coberta, trivialmente, por uma quantidade de dominós igual à metade do número de casas dessa Iinha, e essa cobertura pode ser repetida nas demais linhas.

No tabuleiro mutilado, as duas casas retiradas de cantos diagonalmente opostos serão sempre de cores diferentes, tornando possível sua cobertura pelos dominós. A demonstração de que essa cobertura sempre existe pode ser feita pela especificação de um algoritmo simples para sua execução.

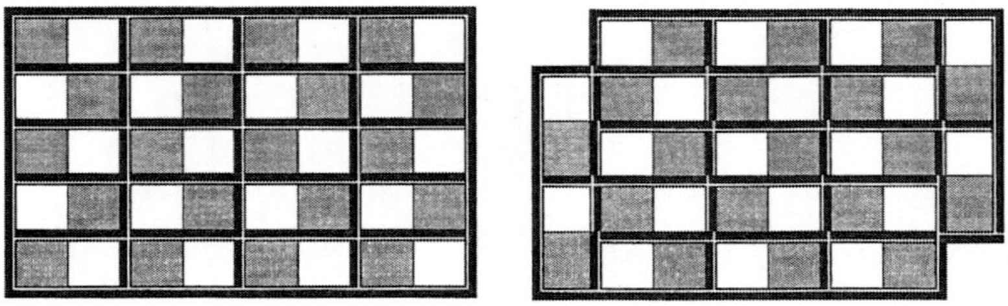

As colunas extremas do tabuleiro mutilado terão agora um número par de casas, que podem ser cobertas completamente pelos dominós e retiradas. O restante do tabuleiro ainda não coberto ainda terá um número par de casas em cada linha, duas a menos que o tabuleiro original. Cada uma dessas Iinhas pode ser coberta pelo procedimento padrão utilizado na cobertura do tabuleiro original.

Caminho no tabuleiro

Em um tabuleiro como o da figura, deseja-se determinar um caminho que passe por todas suas casas, sem passar duas vezes pela mesma casa. O caminho deve se desenvolver de uma casa a outra que Ihe seja adjacente, nunca pela diagonal. Existe um caminho possível, iniciando na casa marcada com um asterisco?

Se existe, mostre-o, e, se não existe, prove essa impossibilidade.

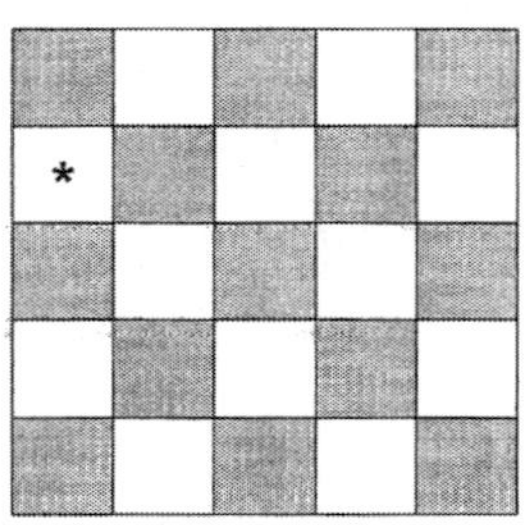

O caminho pode ser representado pela sequência de casas visitadas, como uma cadeia linear, pois não foi colocada a restrição de que o caminho seja fechado, isto é, a primeira e a última casa visitada no caminho não precisam ser adjacentes. Se você não resolveu o problema, tente agora, com essa dica.

Outra dica importante é que, da mesma forma que no problema da cobertura do tabuleiro com peças de dominó, duas casas consecutivas do caminho, devendo ser adjacentes, não podem ser da mesma cor. O caminho deve percorrer, alternadamente, casas claras e escuras. Se o problema não foi ainda resolvido, tente agora, com essa nova dica.

Observando o tabuleiro, verifica-se que ele contém 13 casas escuras e 12 casas claras. Como consequência o caminho, devendo percorrer todas as 25 casas do tabuleiro, deve iniciar e terminar em uma casa escura. Como a problema determina que a caminho buscado deve iniciar em uma casa clara, o caminho buscado não pode existir.

Uma extensão do problema é: existe um caminho possível partindo de qualquer uma das casas escuras do tabuleiro? Se existe, mostre antes de seguir a leitura.

A figura a seguir mostra dois caminhos possíveis. Esses dois caminhos são suficientes para resolver a problema, pois qualquer que seja a casa inicial (escura) escolhida, ela pode ser feita coincidir com o extremo de um dos dois caminhos mediante simples rotações do tabuleiro.

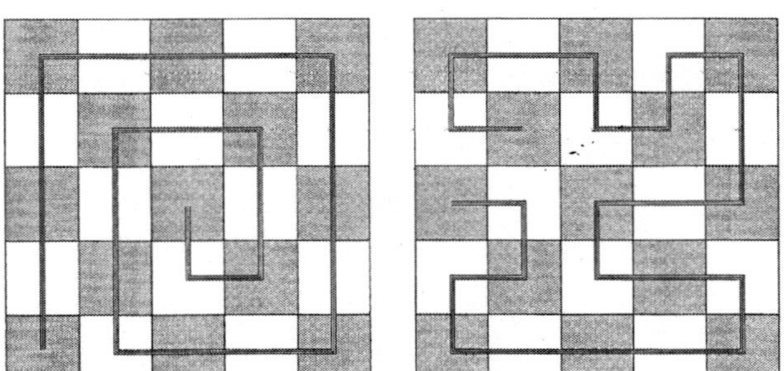

Uma solução mais compacta seria obtida se existisse um caminho fechado, pois aí ele poderia ser aberto em qualquer casa, fornecendo a solução quando essa casa é escolhida como inicial. Existiria tal caminho fechado?

A pergunta se existe um caminho fechado é respondida com um sonoro não, pois qualquer caminho fechado deve conter um número par de casas, pois as casas claras e escuras devem se alternar ao longo do caminho.

Importância da representação da informação

A importância da forma escolhida para representar a informação disponível fica bem evidenciada nos problemas anteriores. O simples ato de sombrear alternadamente as casas do tabuleiro salienta o fato de que quaisquer duas casas adjacentes são de cores diferentes.

Sob o ponto de vista de adjacências, as casas de qualquer tabuleiro podem ser classificadas em dois grupos, que abrigam, cada um, as casas claras e as escuras. Duas casas pertencentes ao mesmo grupo não podem ser adjacentes; as casas adjacentes a uma qualquer estarão sempre no outro grupo. Ao se passar de uma casa para outra, passa-se de um grupo para o outro.

Considerando o conjunto de casas (elementos) do tabuleiro, a operação de formar os dois grupos foi a operação matemática denominada de partição do conjunto. No caso, a partição realizada resultou em dois subconjuntos, com as propriedades fundamentais seguintes:

1. A interseção deles é vazia, não contém nenhum elemento, isto é, não existe nenhum elemento do conjunto (casas do tabuleiro) que pertença simultaneamente aos dois subconjuntos (seja, ao mesmo tempo, clara e escura).

2. A união deles resulta no conjunto original, isto é, cada elemento do conjunto deve pertencer a um dos subconjuntos da partição. Uma casa

qualquer do tabuleiro deve ser ou clara ou escura, não havendo outra possibilidade.

Aritmética Romana

Um exemplo clássico da importância da forma de representação da informação disponível é o sistema de numeração dos antigos romanos, que muitos responsabilizam pelo limitado avanço que tiveram nas matemáticas. Considere-se a dificuldade de realizar a adição de duas quantidades com diferentes sistemas de numeração:

CIV + XXXVI = CXL ou 104 + 36 = 140

Para tornar mais perceptível a dificuldade de realizar as mais elementares operações aritméticas sobre quantidades expressas em algarismos romanos, eu costumava passar para alunos de disciplinas de programação de computadores a tarefa de desenvolver programas para realizar essas operações, manipulando exclusivamente os algarismos romanos.

Em algarismos romanos, a quantidade 14 é representada como XIV, onde o símbolo da quantidade 1 (I), anteposto ao símbolo da quantidade 5 (V) significa que o um deve ser subtraído do cinco. Anteriormente essa mesma quantidade era representada como XIIII, mas a representação "moderna", tornando-a mais concisa, foi um complicador para a realização de operações aritméticas.

Usando a notação mais antiga é mais fácil efetuar a soma. Se as parcelas são representadas por CIIII e XXXVI, podemos simplesmente agregar os símbolos em ordem, obtendo CXXXVIIIII, pois agora o valor de cada símbolo independe de sua posição. Simplificando, da direita para a esquerda, cinco I correspondem a um V, ficando CXXXVV, e dois V são substituídos por um X, ficando CXXXX.

Uma simplificação adicional podia ser feita, para modernizar a notação, substituindo XXXX por XL, resultando em CXL. A operação não é tão simples, pois LXL, por exemplo, deve ser simplificado para XC. Não é de admirar que os romanos antigos não foram muito bons em aritmética.

Modelos e a realidade

A resolução de problemas é feita, normalmente, operando ou efetuando transformações sobre um modelo da realidade, raramente operando concretamente sobre ela. A escolha do modelo para representar a realidade concreta é fundamental na determinação da maior ou menor dificuldade que se terá de enfrentar para chegar à solução do problema.

Sistemas de numeração romana ou arábica são comparativamente eficazes para a representação de quantidades, mas a diferença entre eles para efetuar operações simples sobre quantidades, como simplesmente adicionar duas quantidades, como mostrado acima, é imensa.

Deliberadamente usei acima a expressão "adicionar duas quantidades" e não "somar dois números", como se diria usualmente. Essa distinção simples, tenho convicção, é uma das grandes responsáveis pela quase repulsa que a maioria dos alunos do ensino fundamental tem pela matemática. A matemática é a matéria que mais precocemente afasta-se do mundo real, operando exclusivamente sobre abstrações.

Quantos professores de matemática preocupam-se em enfatizar a seus alunos que, quando se escreve 3 + 5 = 8 não se está dizendo que o algarismo 3, somado ao algarismo 5, resulta no algarismo 8, mas sim que uma quantidade que é representada pelo algarismo 3, adicionada a uma outra quantidade que é representada pelo algarismo 5, resulta em uma quantidade que é representada pelo algarismo 8.

É comum que a modelagem da realidade seja feita em etapas progressivas, com a finalidade de facilitar a resolução do problema. O estudo do sistema de suspensão de um veículo, por exemplo, pode ser feito representando o sistema real por um modelo físico, onde os diversos componentes e suas relações são representados por elementos idealizados, por exemplo, concentrados e lineares.

Esse modelo físico pode ser transformado em um modelo matemático, envolvendo massas, velocidades, coeficientes de elasticidade de molas e de amortecimento de amortecedores, velocidades e deslocamentos. Esse modelo se apresenta na forma de um sistema de equações diferenciais ordinárias lineares.

Esse modelo matemático pode ser transformado em outro modelo matemático, mais simples. Aplicando a transformada de Laplace a essas equações, o resultado é um novo modelo representado por um sistema de equações algébricas, simplificando ainda mais o estudo do problema original.

Conclusões do estudo desse último modelo podem então ser levadas, por transformações inversas, até o problema real. Abstrações dessa natureza são úteis no sentido de que diferentes realidades físicas podem ser representadas por uma mesma classe de modelos, e as técnicas e métodos de estudo de modelos dessa classe podem ser aplicados a diferentes problemas reais.

Cortes do cubo

Um cubo de doze centímetros de lado deve ser cortado em 27 cubos menores, com quatro centímetros de lado cada um, dispondo-se de uma serra-fita. Pelo exame da figura a seguir, esse objetivo pode ser atingido fazendo-se seis cortes, seguindo as linhas mais finas.

A pergunta é: rearranjando as partes já cortadas antes do corte seguinte, cortando de cada vez mais de um bloco já separado por cortes anteriores, é possível reduzir o número de cortes necessários para dividir o cubo original em 27 cubos menores?

Pense em uma maneira de reduzir o número de cortes necessários antes de prosseguir a leitura.

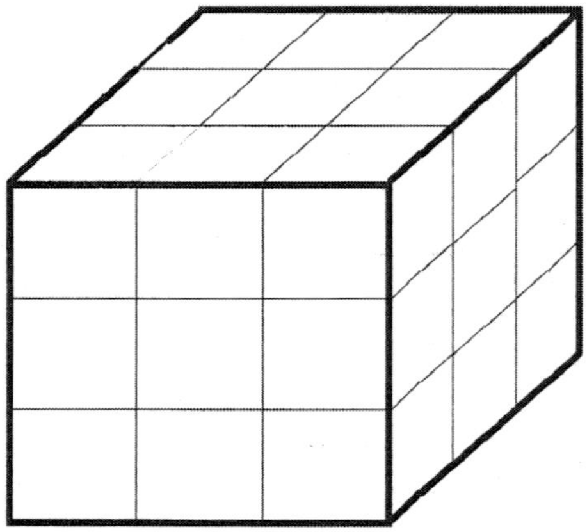

Os cinco tetraminós

Existe uma única forma para um dominó, formado por dois quadrados adjacentes. Um triminó, formado por três quadrados adjacentes, pode se apresentar de duas formas, com os três quadrados em linha ou formando um L, desconsiderando-se as variações devido a rotações ou inversão de peças.

No mesmo critério, pode-se ter cinco diferentes tetraminós, formados pela justaposição de quatro quadrados, como mostrados na figura. A questão é, pode-se preencher com esses cinco tetraminós o tabuleiro mostrado ao lado, de 5x4 quadrados, podendo girar ou inverter qualquer tetraminó à vontade?

Mais uma vez a questão anterior retorna. Se a cobertura é possível, basta mostrar um exemplo, mas como mostrar sua impossibilidade?

Com as considerações sobre os problemas anteriores é trivial demonstrar a impossibilidade da cobertura, mas tente demonstrá-la por seus próprios meios.

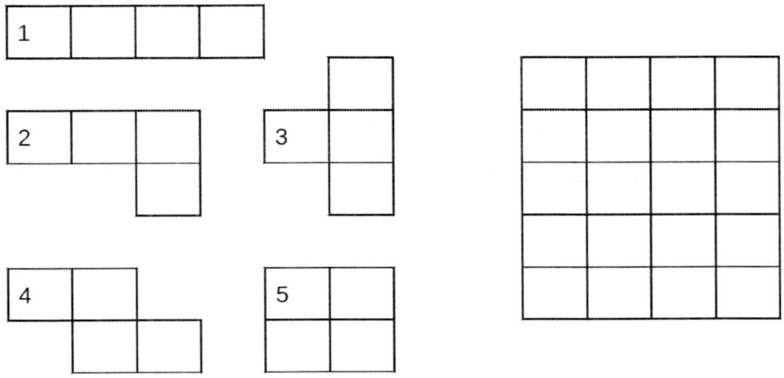

Solução dos cortes do cubo

Cada cubo menor terá seis faces, que ou eram parte das faces do cubo original ou foram formadas por um corte. Duas faces de um mesmo cubo menor não podem ser formadas por um mesmo corte, pois são ortogonais ou estão em planos paralelos diferentes. O cubo menor obtido do centro do cubo original terá suas seis faces formadas por cortes, portanto, ao exigir seis diferentes cortes para sua formação, esse é o número mínimo de cortes necessário para realizar a operação solicitada.

Colocação dos tetraminós

Por mais que se tente, nunca se conseguirá preencher o tabuleiro com os cinco tetraminós, mas isso não significa que é impossível. A prova da impossibilidade é muito simples. Colorindo o quadro como um tabuleiro de xadrez, com casas claras e escuras, teremos dez casas claras e dez casas escuras. Os tetraminós 1, 2, 4 e 5, colocados no quadro, cobrirão 16 casas, 8 claras e 8 escuras, sobrando duas claras e duas escuras, mas o tetraminó 3 só pode cobrir uma casa clara e três escuras, ou uma casa escura e três claras, o que é impossível.

Capítulo 4 - Sequências de Movimentos

Peças deslizantes

Um tipo de brinquedo popularizado por Sam Loyd, sem uma designação comum em português, é o das peças deslizantes, ou jogo do quinze. Ele consiste em um tabuleiro de 4 x 4 posições com quinze peças, numeradas de um a quinze, deixando uma casa vazia. Uma peça adjacente à casa vazia pode ser deslocada para ela, deixando vazia a posição que antes ocupava. As peças deslizam em encaixes tipo macho e fêmea, não podendo ser retiradas facilmente do tabuleiro.

1	2	3	4
5	6	7	8
9	10	11	12
13	14	15	

A configuração acima é a configuração final desejada para o tabuleiro, ou seja, a meta. O único movimento válido consiste em deslocar uma peça para a casa vaga que é adjacente, e a situação inicial do problema consiste no tabuleiro com as peças embaralhadas. A solução do problema consiste em determinar a sequência de movimentos que levem da configuração inicial do tabuleiro para a configuração final desejada.

Um pouco de combinatória

Antes de continuar, é interessante investigar a variedade de configurações iniciais possíveis para o tabuleiro. Cada uma das 16 casas do tabuleiro pode ter um dos dezesseis valores possíveis, as peças com os números de um a quinze, ou estar vazia. Essa quantidade pode ser determinada por um procedimento sistemático, avaliando as alternativas de preenchimento de cada casa do tabuleiro.

Numerando as casas da esquerda para a direita e de cima para baixo, a primeira casa do tabuleiro pode receber qualquer um dos 16 possíveis valores. A segunda casa não pode receber um valor igual ao já atribuído à primeira casa, restando, portanto, 15 possibilidades. Como para cada valor da primeira casa existem 15 valores possíveis de ser atribuídos à segunda casa, existem 16 x 15 = 240 diferentes possibilidades para os valores das duas primeiras casas do tabuleiro.

A terceira casa pode receber qualquer um dos 14 valores possíveis, diferentes dos atribuídos às duas primeiras casas. O total de diferentes combinações de valores para as três primeiras casas do tabuleiro é dado então por 16 x 15 x 14 = 3.360.

Seguindo o raciocínio até a décima sexta casa, onde resta apenas uma possibilidade de preenchimento, o único valor dentre os 16 possíveis, diferente dos valores já atribuídos, o total de possíveis configurações diferentes do tabuleiro é dado, então, por 16 x 15 x 14 x 13 x 12 x 11 x 10 x 9 x 8 x 7 x 6 x 5 x 4 x 3 x 2 x1 = 20.922.789.888.000.

Em linguagem matemática esse valor é expresso como 16! onde o ponto de exclamação é lido como "fatorial", e sua operação resulta no produto dos números naturais, de um a 16.

Esse número pode ser expresso de forma mais compacta, na notação dita "científica", como pouco mais de 2.10^{13}, que significa o número dois seguido de 13 zeros, ou seja, multiplicado por dez na décima terceira potência. Como na maioria dos problemas discutidos, o importante é a ordem de grandeza de um valor, se é da ordem de dezenas, de milhares ou de milhões, não sendo relevante seu valor exato.

O caminho percorrido para transformar uma configuração inicial qualquer na configuração final desejada, que chamaremos de padrão, pode ser percorrido no sentido inverso, levando da configuração padrão à configuração original do problema. Surge um problema, no entanto, quando se tenta levar, por sequências de movimentos válidos, qualquer das configurações a seguir para a configuração padrão ou, o que é equivalente, chegar a qualquer uma dessas configurações partindo da configuração padrão.

Um prêmio de mil dólares, nunca reclamado, foi oferecido ao primeiro que apresentasse uma solução.

1	2	3	4
5	6	7	8
9	10	11	12
	15	14	13

1	2	3	4
5	6	7	8
9	10	11	12
13	15	14	

Não existe solução para nenhum dos problemas acima. Em realidade, somente metade das possíveis configurações iniciais tem solução. Essa situação pode ser melhor examinada em um tabuleiro menor, dois por dois, mostrando-se a seguir as 24 possíveis combinações de valores para as quatro casas do tabuleiro.

As 24 configurações estão reunidas em dois grupos, designados por par e ímpar. A razão dessas denominações ficará clara logo adiante, bem como o critério adotado para a classificação de uma configuração em um grupo ou em outro.

Grupo par:

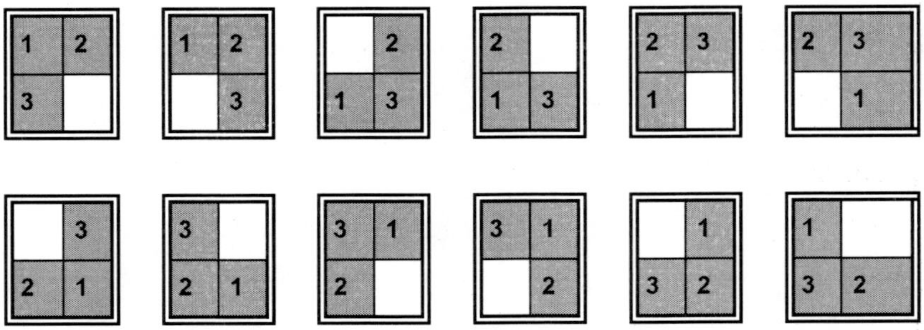

Grupo ímpar:

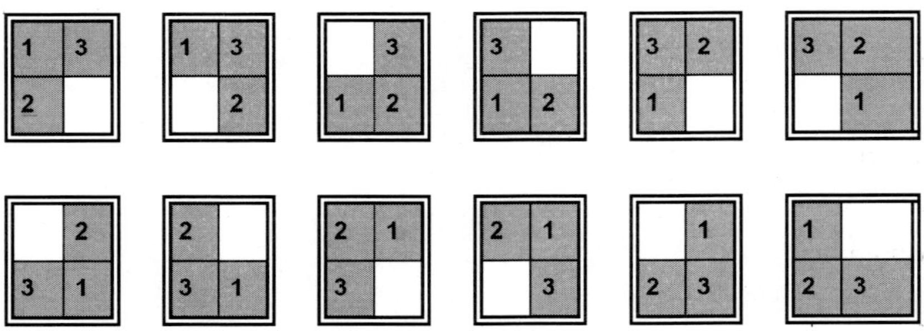

As primeiras 12 configurações, do grupo par foram obtidas efetuando movimentos de forma cíclica, sem inverter o movimento anterior. O movimento possível na última configuração do grupo, sem inverter o movimento anterior, produzirá de volta a primeira configuração do grupo, fechando o círculo.

As restantes 12 configurações possíveis são produzidas pelo mesmo processo, partindo arbitrariamente de uma configuração não presente no grupo par. Todas as possíveis configurações estão mostradas. Nenhuma configuração de um grupo pode ser transformada em uma configuração do outro grupo por uma sequência de movimentos legais.

Um outro tipo de transformação de configuração pode ser feito permutando duas peças, sem considerar, evidentemente, a casa vazia. Por exemplo, permutando quaisquer duas peças de uma configuração que está no grupo par, obtém-se uma configuração que está no grupo ímpar. Nessa configuração, pode-se permutar outras duas peças, resultando em uma nova configuração, agora de volta ao grupo par.

Qualquer permutação de duas peças de uma configuração de um grupo resulta em uma configuração do outro grupo. Após cada permutação, a configuração resultante salta de um grupo para o outro. Partindo de uma configuração qualquer do grupo par, um número par de permutações produzirá uma outra configuração do mesmo grupo par, enquanto um número ímpar de permutações resultará em uma configuração do grupo ímpar. Daí a designação adotada para os grupos.

Esses grupos são chamados de grupos de permutações e constituem uma partição no conjunto de todas as configurações possíveis. Matematicamente, os dois grupos constituem uma partição porque sua intersecção é vazia, isto é, nenhuma configuração está ao mesmo tempo nos dois grupos, e sua união é o universo das configurações possíveis, isto é, qualquer configuração possível deve pertencer a um dos dois grupos.

Algoritmo sistemático

Interagindo fisicamente com o brinquedo não é difícil desenvolver um procedimento sistemático para resolver o problema a partir de qualquer configuração inicial. É muito comum a adoção de uma estratégia de solução inicial sistemática e, próximo da solução final, trocar para uma estratégia finalizadora, mais eficaz.

Como exemplo, descreve-se a seguir uma estratégia que pode não ser a melhor, mas resolve sempre o problema. As casas do tabuleiro serão referidas pelos números das peças ocupadas na configuração padrão.

Inicia-se colocando a peça 1 em sua posição, o que é trivial. Da mesma forma, posicionam-se as peças 2 e 3. Se a peça 4 estiver em sua posição, a primeira linha está resolvida. Senão, desloca-se a peça 1 para a posição 5 (posicionando antes a casa vaga nessa posição), as peças 2 e 3 para as posições 1 e 2, e posiciona-se a peça 4 na posição 3, o que sempre pode ser feito sem dificuldade. Com a casa vaga na posição 4, deslocam-se as peças 4, 3 e 2 para a direita e a peça 1 para cima, completando-se a primeira linha. A segunda Iinha é montada da mesma forma, sem maiores dificuldades.

A estratégia agora muda um pouco, pois a margem de manobra foi reduzida. A peça 9 pode ser posicionada sem dificuldade em seu lugar, da mesma forma que a peça 10 a menos que ela esteja na posição 13. Se a peça 10 estiver na posição 13 pode-se baixar a peça 9, colocando a casa vaga na posição 13, deslocar para a esquerda a peça que está na posição 10, subindo a peça 10. Girando no sentido horário as duas últimas Iinhas, a peça 9 ocupará sua posição. Agora pode-se colocar a peça 10 em sua posição.

O próximo passo é colocar a peça 11 na posição 10, sem dificuldade, e a peça 12 na posição 11. Se a peça 11 estava na posição 14, a mesma manobra anterior pode ser aplicada. Faça agora uma rotação nas duas Iinhas inferiores, no sentido anti-horário, para que a peça 9 fique na posição 14, a 10 na 13, a 11 na 9 e a 12 na 10.

Agora, nas quatro casas das duas últimas linhas e colunas, gire as peças até ficar a 13 na posição 15. Girando as duas últimas Iinhas até que a configuração padrão seja obtida, o problema estará resolvido. Se a configuração final obtida difere da padrão por uma única permutação de duas peças, você foi vítima de uma brincadeira, pois alguém desmontou o tabuleiro, o que não é muito difícil, e trocou a posição de duas peças, tornando impossível uma solução, pois a configuração do tabuleiro pertence, agora, ao outro grupo da partição, que não contém a configuração padrão que é a solução buscada.

Atalhos

Um algoritmo sistemático é útil, mas na prática a teoria é outra. Durante a aplicação do algoritmo de solução, certas configurações particulares das peças podem sugerir atalhos que diminuem o número de movimentos necessários para chegar à solução.

O quebra-cabeça pode ser considerado prosaico e mesmo infantil, mas pode até ser utilizado em uma competição do nível do campeonato mundial de quebra-cabeças se o objetivo é atingir a solução com o menor número possível de movimentos, ou no menor tempo, partindo todos os competidores da mesma configuração inicial. O algoritmo ótimo, que leva à solução com o número mínimo de movimentos é chamado de algoritmo divino, e varia, evidentemente, para cada configuração inicial.

Inversão dos copos

O problema consiste em modificar a configuração de uma fila de seis copos, de modo que eles fiquem alternadamente de boca para cima e para baixo. Na posição inicial, a fila se apresenta com três copos de boca para cima, seguidos de três copos de boca para baixo. A única operação permitida é a de inverter, ao mesmo tempo, a posição de dois copos vizinhos. Qual o menor número de operações para obter o objetivo desejado?

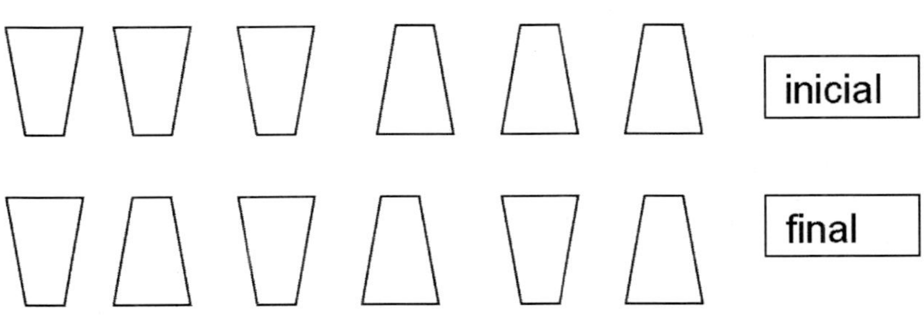

Como sempre, tente resolver o problema por sua iniciativa, agora ou quando a leitura das considerações seguintes despertar alguma ideia.

A análise deste problema não é realmente difícil, pois se um copo participar de uma operação, sua posição será invertida. Para que um copo permaneça em sua posição original ele não pode participar de nenhuma operação ou, alternativamente, participar de um número par de operações, caso em que retornará à sua posição original.

Os copos que precisam ter suas posições invertidas são o segundo e o quinto. Uma operação envolvendo o primeiro copo exigirá a repetição dessa operação para restaurar a posição do primeiro, o que necessariamente colocará o segundo copo também na posição original, portanto, inútil. O mesmo raciocínio aplica-se à operação sobre o sexto copo, portanto, os copos extremos não devem ser mexidos.

O segundo copo deve então ser invertido junto com o terceiro, e o quinto junto com o quarto. Com isso, o segundo e o quinto ficam nas posições desejadas, mas o terceiro e o quarto ficam invertidos. Mas o terceiro e o quarto copos são vizinhos, e o operador aplicado sobre eles os coloca na posição final desejada, resolvendo o problema em três operações.

Uniformização dos copos

Um problema derivado do anterior é colocar todos os copos da fila de boca para cima (ou de boca para baixo, que é um problema equivalente, simétrico). Para facilitar, relaxemos a restrição do operador permitido: os dois copos não precisam mais ser vizinhos, mas cada vez deve ser invertida ao mesmo tempo a posição de dois copos. É possível? Se é, mostre como, se não, prove a impossibilidade!

Não continue a ler antes de pensar no problema.

Prova da impossibilidade

É trivial demonstrar que o problema é impossível. A configuração original possui três copos na posição errada, um número ímpar. Qualquer aplicação do operador inverterá a posição de dois copos. Se eles estavam em posições opostas, continua o mesmo número de copos na posição errada, e se estavam na mesma posição o número de copos na posição errada aumentou ou diminuiu de dois, permanecendo sempre um número ímpar de copos na posição errada.

Sob esse tipo de transformação, as possíveis configurações para os copos podem ser classificadas em dois grupos, não podendo passar de uma configuração de um grupo para uma do outro pela aplicação do operador permitido. O relaxamento da restrição de que os dois copos envolvidos em uma operação não precisam ser vizinhos só altera a quantidade de operações necessárias para resolver o problema, pois uma operação envolvendo, por exemplo, os copos 2 e 6 pode ser composta por operações em copos vizinhos, por exemplo, 2-3, 3-4, 4-5 e 5-6, em qualquer ordem, com o mesmo efeito.

Generalização

O problema de colocar todos os copos em uma mesma posição terá sempre solução, a partir de qualquer situação inicial, se o número total de copos for ímpar. Nesse caso, o número de copos em uma posição será ímpar e na posição contrária será par, pois um número ímpar não pode ser a soma de dois números ímpares nem de dois números pares. Esse número par de copos poderá ter suas posições invertidas sem dificuldade.

Agrupando as cores

Coloque quatro peças pretas de damas e quatro peças brancas em linha, alternando as cores: preta branca preta etc. Representando uma peça preta por **X** e uma branca por **O**, o arranjo inicial será o mostrado abaixo, deixando duas casas vagas à esquerda.

		X	O	X	O	X	O	X	O

O objetivo é formar uma linha com as quatro peças brancas à esquerda e as quatro pretas à direita, sem espaços. O único movimento permitido é retirar duas peças vizinhas quaisquer e deslocá-las para a dupla de espaços vagos, no interior da linha ou em uma de suas extremidades. A operação pode ser realizada com apenas quatro movimentos?

O problema tem complexidade linear, isto é, o número de movimentos necessários cresce na mesma proporção que o número de peças de cada cor. Com cinco peças de cada cor, o problema pode ser resolvido em cinco movimentos, com seis peças de cada cor em seis movimentos ou, em geral, *n* movimentos são suficientes para agrupar *n* peças de cada cor. Resolva!

Invertendo as cores

Coloque três peças brancas e três pretas em sete espaços, colocando as brancas à esquerda e as pretas à direita, deixando a casa central vaga, como na figura abaixo.

O	O	O		X	X	X

O objetivo é inverter as posições das peças brancas e pretas com movimentos de deslocar uma peça para a casa vaga vizinha ou saltar sobre uma peça vizinha, ocupando a casa seguinte, que deve estar vaga. Este é um problema de complexidade quadrática, como será comentado adiante. Como exposto, o problema pode ser resolvido em 15 movimentos.

Apanhar as galinhas

Um fazendeiro e sua mulher, designados por A e B, tentam apanhar duas galinhas, designadas por a e b, em um campo quadrado, que só permitem deslocamento na horizontal ou vertical. Em cada movimento, A e B se deslocam e, após, a e b também devem se deslocar. Uma galinha é capturada quando o deslocamento de A ou B atinge o local onde ela se encontra.

Partindo da situação inicial da figura, qual a estratégia para capturar as duas galinhas, encurralando cada uma em um canto?

a		A			B		b

Família cativa na torre

Uma rainha estava presa na torre de um castelo, com seu filho e sua filha. Acima da janela da torre existia uma roldana com uma corda com uma cesta em cada ponta, uma no chão e outra na altura da janela. Um peso maior na cesta superior a faria baixar até o chão e a outra subir até a altura da janela, mas a diferença de pesos nas duas cestas não poderia ser superior a 15 Kg, sob pena de danificar o sistema.

A rainha pesava 90 Kg (era uma grande rainha), seu filho pesava 60 Kg e sua filha pesava 30 Kg. Havia na torre ainda um saco de pedras com 15 Kg de peso. Como fazer para a família escapar da torre em segurança?

Solução do agrupamento de cores

A figura seguinte mostra a sequência de movimentos que resolve o problema, com quatro peças de cada cor.

			X	O	X	O	X	O	X	O
1	O	X	X	O	X	O	X			O
2	O	X	X	O			X	X	O	O
3	O			O	X	X	X	X	O	O
4	O	O	O	O	X	X	X	X		

A generalização do problema é deixada como um exercício, salientando-se a estratégia de se agrupar pares de peças da mesma cor.

Solução da inversão das cores

A figura seguinte mostra a sequência dos 15 movimentos que resolve o problema.

	O	O	O		X	X	X
1	O	O	O	X		X	X
2	O	O		X	O	X	X
3	O		O	X	O	X	X
4	O	X	O		O	X	X
5	O	X	O	X	O		X
6	O	X	O	X	O	X	
7	O	X	O	X		X	O
8	O	X		X	O	X	O
9		X	O	X	O	X	O
10	X		O	X	O	X	O
11	X	X	O		O	X	O
12	X	X	O	X	O		O
13	X	X	O	X		O	O
14	X	X		X	O	O	O
15	X	X	X		O	O	O

O número de movimentos necessários cresce com o quadrado do número de peças de cada cor. Em uma linha com 3 espaços e uma peça de cada cor, a inversão pode ser feita em 3 movimentos. Com duas peças de cada cor são necessários 8 movimentos, com 3 peças, como visto, 15 movimentos, com 4 peças, 24 movimentos, com 5 peças, 35 movimentos. A expressão geral do número de movimentos necessários, sendo n o número de peças de cada cor, é dada por $(n+1)^2-1$, isto é, o número de movimentos necessários cresce com o quadrado do número de peças de cada cor.

A generalização da solução para qualquer número de peças é relativamente trivial, e deixada como um exercício.

Como apanhar as galinhas

A não conseguirá encurralar a, da mesma forma que B não conseguirá encurralar b, mas A pode encurralar b e B encurralar a em poucos movimentos. É mais uma questão de partição, melhor visualizada colorindo as casas como em um tabuleiro de xadrez, onde o perseguidor só pode encurralar sua presa se iniciar em uma casa de cor diferente dela.

Fuga da família da torre

A operação de fuga pode ser feita em etapas, pela tabela abaixo, que indica quem está na torre e no solo, indicando os personagens por seus pesos.

0 – Na posição inicial todos estão na torre e as cestas vazias.

1 – Na primeira operação o saco de pedras é colocado na cesta da torre que, por gravidade, desce até o solo.

2 – Na segunda operação a filha entra na cesta vazia na torre e também desce até o solo, onde ela sai da cesta e o saco de pedras retorna ao solo.

3 – Na terceira operação a filha entra na cesta com o saco e o filho entra na cesta vazia que estava na torre, invertendo a posição das cestas, pela diferença de pesos, e a filha e o filho saem das cestas, ficando a filha de volta na torre e o filho no solo. O saco retorna ao solo por gravidade.

	TORRE					SOLO				
0	90	60	30	15	0	þ				
1	90	60	30		15	0				
	90	60	30		0	15				
2	90	60			30	15				
	90	60			15	30				
	90	60			15	0		30		
	90	60			0	15		30		
3	90				60	30+15				
	90				30+15	60				
	90		30		15	0			60	
	90		30		0	15			60	
4			30		90	60+15				
			30		60+15	90				
		60	30		15	0				90
		60	30		0	15				90
5		60			30	15				90
		60			15	30				90
		60			15	0		30		90
		60			0	15		30		90
6					60	30+15				90
					30+15	60				90
			30		15	0			60	90
			30		0	15			60	90
7					30	15			60	90
					15	30			60	90
					15	0		30	60	90
					0	15				

4 – Na quarta operação a rainha entra na cesta na torre e o filho na cesta que estava no solo. A posição das cestas é invertida, a rainha sai da cesta no solo, o filho retorna à torre e o saco desce para o solo.

5 – Na quinta operação a filha entra na cesta na torre, desce e sai da cesta no solo e o saco retorna ao solo.

6 – Na sexta operação o filho entra na cesta da torre e a filha entra na cesta do solo, junto com o saco. O filho sai da cesta no solo e a filha retorna à torre. O saco de pedras volta ao solo.

7 – Na sétima e última operação a filha entra na cesta da torre, desce ao solo onde desembarca e o saco segue, por gravidade, até o solo.

Mais uma vez, para resolver o problema foi necessário efetuar operações que produziram resultados que foram posteriormente revertidos, mas foram importantes. O filho da rainha chegou ao solo, mas teve que voltar à torre, e a filha teve que fazer isso duas vezes.

A resolução de problemas anteriores facilita a resolução de novos problemas, pela percepção de similaridades de padrões, onde as soluções anteriores levam à percepção de padrões que podem se repetir nos novos problemas e induzir às melhores soluções.

É absolutamente pertinente a afirmação de Edward de Bono, de que a percepção é mais importante que a dedução, além de interpretar corretamente o enunciado do problema, é importante perceber similaridade com padrões de problemas já resolvidos, cujas soluções podem levar com mais facilidade à solução do problema em questão.

É comum dizer que a prática leva à perfeição!

Capítulo 5 - Percepções e Realidades

Os problemas aqui apresentados são solúveis com conhecimentos elementares de geometria plana e cálculo de probabilidades, e têm em comum o fato de que algumas de suas soluções contrariam a intuição comum da maioria das pessoas.

Abraçando o equador

Imagine uma corda estendida ao redor da terra, sobre a linha do equador. Idealizando, supõe-se que nosso planeta é uma esfera perfeita. O comprimento dessa corda será de pouco mais de quarenta mil quilômetros, e por hipótese está amarrada bem justa, sem folga suficiente para enfiar, por exemplo, a lâmina de uma faca.

Se a corda é cortada e se emenda um pedaço, aumentando seu comprimento, ela deixará de ficar justa, passando a existir uma folga entre a corda e a terra. Se a corda aumentada se mantiver circular e centrada com a terra, a folga será uniforme ao longo de toda a linha do equador.

A pergunta é: de quanto é essa folga, se o comprimento da corda é aumentado de um metro? Quer-se saber a ordem de grandeza dessa folga, se é possível colocar nela a lâmina de uma faca, um lápis, o braço etc. Faça uma pesquisa com pessoas conhecidas e surpreenda-se com os resultados.

Coincidência de aniversários

Considere uma reunião com 23 pessoas (pode ser uma festa, uma sala de aula etc.). Qual a probabilidade de haver pelo menos uma coincidência de data de comemoração do aniversário de duas dessas pessoas? Mais uma vez, deseja-se a ordem de grandeza dessa probabilidade, se é muito baixa, muito alta (quase uma certeza), pouco mais ou menos de cinquenta por cento etc.

Submeta a questão a conhecidos e verifique a ocorrência com diversos grupos. Como se verá adiante, você pode apostar com boa chance de ganhar dinheiro.

Desconsiderando os anos bissextos, a data de aniversário de uma pessoa pode ocorrer em qualquer um dos 365 dias do ano. Existirão então no mínimo 342 datas que não são os aniversários de nenhuma das 23 pessoas do grupo. Sem fazer cálculos, a sentimento, qual a resposta para a probabilidade esperada?

A folga da corda sobre o equador

No caso da corda ao redor do equador, o senso comum leva à conclusão que a folga produzida será imperceptível. O que significa um metro em mais de quarenta mil quilômetros? O aumento do comprimento da corda foi de cerca de um quarenta avos de um milionésimo de seu comprimento original.

Um conhecimento elementar de geometria permite resolver o problema e determinar o valor surpreendente da folga. A única fórmula necessária para resolver o problema é a relação entre o raio e o comprimento da circunferência, sendo este comprimento igual ao raio multiplicado por dois e multiplicado novamente por π, onde o π é a constante matemática igual a 3,14159.... Calcule a folga e surpreenda-se com o resultado.

Comentários sobre probabilidades

Quanto à coincidência de aniversários, à primeira vista parece que a probabilidade é muito baixa. Para que não ocorra coincidência, basta que as 23 pessoas do grupo comemorem seus aniversários em 23 datas diferentes, dentre as 365 datas disponíveis no ano, o que deve ocorrer com bastante frequência.

O cálculo de probabilidades é conceitualmente simples, em princípio.

Se existem n possíveis eventos, todos igualmente prováveis, dentre os quais k enquadram-se na situação buscada, a probabilidade de ocorrer essa situação é dada simplesmente pela divisão de k por n, na forma de fração, ou mais comumente sob a forma de percentagem, multiplicando essa fração por cem.

Jogando uma moeda para o alto, pode dar cara ou coroa com igual probabilidade, se for uma moeda honesta. A probabilidade de dar cara é de ½ (ou 0,5), pois cara ocorre em geral na metade das vezes dentre os dois possíveis eventos (cara ou coroa), ou, como porcentagem, a probabilidade é de cinquenta por cento (50%). Isso significa que se lançarmos uma moeda para o alto um grande número de vezes, em 50% (metade) dos casos a moeda mostrará cara. Quanto maior o número de jogadas, mais próximo será o resultado de obtermos cara em 50% das jogadas.

No caso de se pegar para jogar um dado, também honesto, têm-se seis eventos possíveis, de ficar cada um dos seis números do dado para cima. A probabilidade de jogar o dado e de cair um 3, por exemplo, é de um caso em seis, ou 1/6. Para resolver o problema dos aniversários, precisa-se ir um pouco mais além, discutindo a combinação de probabilidades.

Considerando o mesmo dado, qual a probabilidade de obtermos um número par? Dos seis casos possíveis, três dão resultado par (2, 4 e 6), então a probabilidade é de três casos em seis, ou 3/6 = ½. Esse mesmo resultado pode ser obtido como a probabilidade de sair um 2 (1/6) ou um 4 (também 1/6) ou um 6 (mais uma vez, também 1/6). A probabilidade de sair um desses resultados alternativos é simplesmente a soma das probabilidades parciais, ou seja, 1/6 + 1/6 + 1/6 = 3/6 = ½. A probabilidade de ocorrer uma qualquer de um conjunto de situações, todas mutuamente excludentes, é dada simplesmente pela soma das probabilidades de ocorrência de cada uma dessas situações isoladamente.

Situação diferente ocorre quando desejamos calcular a probabilidade de ocorrência de, por exemplo, em duas jogadas sucessivas do dado, tirar-se duas vezes o número 5. Podemos verificar todos os possíveis resultados que podem ocorrer, em sequência, jogando duas vezes o dado (esse número é 36), e verificar em quantos desses eventos ocorre a situação buscada (em um único). Então a probabilidade de se obter duas vezes o número 5 em duas jogadas sucessivas do dado é uma em 36, ou 1/36. Esse mesmo resultado pode ser obtido por outra linha de raciocínio. Na primeira jogada do dado, temos a probabilidade de 1/6 de dar 5, e na segunda jogada, novamente a mesma probabilidade de 1/6 de dar 5. Então a probabilidade de dar 5 nas duas jogadas é 1/6 de 1/6, ou seja, 1/6 x 1/6 = 1/36. A probabilidade de ocorrência de duas situações em sequência é igual ao produto das probabilidades de cada uma das situações.

Para complementar, a probabilidade de, jogando o dado, não sair um 3, é 5/6, pois em 5 dos 6 eventos possíveis o resultado não é 3. A probabilidade de sair um 3 é 1/6, como já determinada. A probabilidade de sair um 3 ou de não sair um 3 é 1 (ou 100%), isto é, ou sai um 3 ou não sai um 3, não sendo possível outro resultado. Em outras palavras, 1/6 + 5/6 = 1, o que é uma certeza. Como é certo que sai um 3 ou não sai um 3, a probabilidade de não sair um 3 é o complemento da probabilidade de sair um 3, ou seja, 1 - 1/6 = 5/6.

Os estatísticos dizem que os resultados de sair um 3 e de não sair um 3 são mutuamente excludentes e exaustivos, ou complementares, pois um deles deve ocorrer, não podendo existir um resultado diferente, e os dois não podem ocorrer ao mesmo tempo.

Voltando aos aniversários

Voltando aos aniversários, o cálculo direto da probabilidade de haver pelo menos uma coincidência de datas não é fácil, pois seria preciso calcular a probabilidade de haver exatamente uma coincidência, depois a probabilidade de haver exatamente duas coincidências, depois de três etc., até a probabilidade de que todas as 23 pessoas do grupo aniversariem na mesma data. O valor buscado será a soma de todas essas probabilidades.

A consideração anterior, de que a probabilidade buscada deve ser baixa porque a probabilidade da situação oposta (complementar), de não haver coincidência das 23 datas de aniversário das pessoas do grupo, dentre as 365 datas do ano, é alta, sugere um caminho melhor para achar o valor buscado.

Com essas dicas, de posse de uma calculadora, calcule a probabilidade de ocorrência de pelo menos uma coincidência de data de aniversário dentre as 23 pessoas do grupo.

Valor da folga da corda

Designando por R o raio da terra, C o comprimento original da corda e F a folga, isto é, a diferença entre o raio da corda aumentada de um metro e o raio da terra, expressando todos esses valores em metros, pode-se escrever as equações abaixo, onde o ponto significa multiplicação:

$2.\pi.R = C$ relação entre o raio e o comprimento da corda original

$2.\ \pi.(R+F) = C + 1$ relação entre a raio da corda aumentada (R+F) e seu comprimento (C+1)

Esta última equação pode ser escrita da forma

$$2.\ \pi.R + 2.\ \pi.F = C + 1$$

e como $2.\ \pi.R = C$, esse termo pode ser subtraído dos dois lados da equação, resultando em $2.\ \pi.F = 1$ que, dividindo as dois lados por $2.\pi$ fornece o valor buscado:

$$F = 1\ /\ (2.\ \pi) = 0{,}159\ \text{m}$$

ou seja, quase 16 centímetros, por onde se pode passar o braço.

O resultado surpreendente resulta do fato de que o comprimento e o raio de uma circunferência variam de forma linear, isto é, sua relação (quociente) é constante e igual a $2.\pi$, independente do valor do raio. Um acréscimo no comprimento da circunferência resultará em um aumento no seu raio que não depende do valor do raio da circunferência original, sendo o mesmo inclusive no caso em que o raio da circunferência original é zero, quando ela está degenerada em um ponto. A folga é exatamente igual ao raio de uma circunferência com um metro de comprimento.

Indo mais adiante, se o comprimento da corda fosse aumentado de sete metros, a folga seria maior que um metro, permitindo com facilidade a passagem de uma pessoa.

Solução dos aniversários coincidentes

Abordando a problema no sentido oposto, será mais fácil calcular a probabilidade de não ocorrer nenhuma coincidência de data de aniversário entre as 23 pessoas; o complemento dessa probabilidade será o valor buscado. De uma maneira sistemática, o grupo será formado acrescentando as pessoas uma a uma, calculando a probabilidade de que o aniversário de cada nova pessoa incluída não coincida com o de nenhuma das pessoas já presentes no grupo.

A primeira pessoa fará aniversário em uma das 365 datas possíveis. Juntando-se a segunda pessoa, para que seu aniversário não coincida com a da primeira, ele deve cair em uma das 364 datas diferentes. Essa probabilidade é então de 364/365, que é a probabilidade de não haver coincidência de datas de aniversário entre duas pessoas quaisquer, o que é muito próximo de um "quase uma certeza".

Juntando uma terceira pessoa ao grupo, para não haver coincidência, seu aniversário deve cair em uma das 363 datas diferentes dos aniversários das duas pessoas já presentes, o que dá uma probabilidade de 363/365. Para não haver coincidência de datas entre as três pessoas do grupo, é necessário que não haja coincidência nos aniversários das duas primeiras (364/365) e que o aniversário da terceira não coincida com nenhuma das duas primeiras (363/365). A probabilidade combinada é o produto desses dois valores, (364/365).(363/365).

A quarta pessoa juntada ao grupo terá uma probabilidade de 362/365 de que seu aniversário não coincida com o de nenhuma das três pessoas anteriores. A probabilidade combinada de não haver coincidência entre as quatro é obtida multiplicando esse valor pela probabilidade anterior, resultando em (364/365).(363/365).(362/365).

Continuando o procedimento, multiplicando sucessivamente as probabilidades de que a quinta pessoa (361/365), a sexta etc. até a juntada da vigésima terceira pessoa, com probabilidade igual a 343/365, de que seu aniversário não caia no mesmo dia de alguma das outras 22 pessoas, a probabilidade combinada resulta no valor 0,4927. Qualquer outra distribuição de datas de aniversário conterá pelo menos uma coincidência, e sua probabilidade é dada por 1 - 0,4927 = 0,5073 (50,73%), ou seja, é um pouco maior que cinquenta por cento.

Esse resultado é surpreendente, contrário à intuição inicial. Maior surpresa ocorre, ainda, se o processo de acrescentar pessoas ao grupo continua. Ao chegar a apenas 41 pessoas, a probabilidade de haver coincidência de pelo menos uma data de aniversário entre elas já passa de 90%. Ao chegar a 57 pessoas, essa probabilidade passa de 99%, praticamente uma certeza.

Considerações adicionais

No conjunto de todos os grupos de pessoas, a verificação se existe ou não pelo menos uma coincidência de data de aniversário, define uma partição desse conjunto. Dado qualquer grupo de pessoas e verificadas as datas de aniversário dos componentes do grupo, só pode resultar em uma das duas constatações: ou não existe nenhuma coincidência entre quaisquer dessas datas ou existe pelo menos uma coincidência.

As duas constatações possíveis são mutuamente excludentes e exaustivas. Se a probabilidade do resultado do teste der um resultado é x, a probabilidade de dar o resultado oposto é 1 - x.

Supondo um dado viciado (tendencioso), embora as probabilidades x_1, x_2, x_3, x_4, x_5 e x_6 de sair 1, 2, 3, 4, 5, ou 6 possam ser diferentes, deve-se ter, sempre, $x_1 + x_2 + x_3 + x_4 + x_5 + x_6 = 1$, pois não existe nenhum outro resultado possível e a ocorrência de um resultado em particular elimina a possibilidade de ocorrência de qualquer outro.

Desafio esportivo

Você é desafiado a jogar três partidas de tênis, alternadamente contra o desafiante (D) e o campeão do clube (C), ganhando um prêmio se vencer pelo menos duas partidas consecutivas. O campeão joga melhor que o desafiante, portanto, sua probabilidade de vencer o campeão é menor que a probabilidade de vencer o desafiante. Você tem a liberdade de escolher seu adversário inicial, jogando as partidas na ordem CDC ou DCD. Qual a melhor estratégia, para maximizar as chances de ganhar o prêmio?

Ainda probabilidades

Selecione oito cartas de um baralho, do ás ao oito de espadas, e coloque-as em sequência na mesa. A seguir, selecione as mesmas cartas, do ás ao oito, do naipe de copas, embaralhe-as e coloque em um monte, donde as cartas serão retiradas uma a uma. Para cada carta virada do monte será retirada a carta correspondente de espadas da fila na mesa. Qual a probabilidade de que todas as cartas de espadas possam ser retiradas da mesa sem que ocorra uma falha na sequência, isto é, uma posição vaga entre duas cartas?

Calcule, é fácil, antes de prosseguir na leitura.

Ouro e algodão

Qual a diferença de peso entre seis dúzias de dúzias de quilos de ouro e meia dúzia de dúzias de quilos de algodão?

Produto de dois números inteiros

Que dois números inteiros devem ser multiplicados entre si para produzir, como resultado, o número 13?

Compra estranha

Em uma ferragem, o balconista informou que 1 custava um real, 12 custava dois reais e 144 custava três reais. O que estava sendo comprado?

Solução salina

Uma solução salina com 100 Kg contém, em peso, 99% de água. Deixando a água evaporar até que a solução contenha apenas 98% de água, qual o peso da solução mais concentrada?

Solução da estratégia esportiva

À primeira vista parece razoável jogar duas partidas com o desafiante, jogador mais fraco que o campeão, mas para vencer duas partidas em sequência deve ser vencida a partida do meio, que é melhor que seja jogada contra o adversário mais fraco.

Para vencer o desafio, designando por V uma vitória e P uma derrota, as sequências vencedoras possíveis são VVV, VVP e PVV. Se d é a probabilidade de vencer o desafiante e c a probabilidade de vencer o campeão, as probabilidades de ganhar o prêmio podem ser calculadas nas duas sequências de partidas, CDC e DCD.

Na sequência CDC as probabilidades dos três resultados possíveis são c.d.c, c.d.(1-c) e (1-c).d.c, com soma c.d.(2-c). Na outra sequência, DCD, as probabilidades são d.c.d, d.c.(1-d) e (1-d).c.d, com soma c.d.(2-d), Como d é maior que c, a melhor estratégia é jogar a primeira partida contra o campeão, jogando somente a partida do meio com o desafiante.

Solução da probabilidade das cartas

Para que a primeira carta de copas virada não produza uma falha na sequência, ela deve ser correspondente a uma carta de uma extremidade da sequência de cartas de espadas, um ás ou um oito. Dentre as oito cartas possíveis de serem viradas a probabilidade de que isso ocorra é de duas em oito, ou 2/8.

Se ainda não resolveu o problema, interrompa a leitura e tente solucioná-lo, com essa dica.

Para que a segunda carta de copas virada não produza uma falha, ela deve coincidir com uma das cartas extremas da sequência das cartas de espadas, agora com sete cartas, com probabilidade de duas em sete, ou 2/7. A probabilidade de que após virar duas cartas de copas não se produza uma falha na sequência de cartas de espadas é o produto das probabilidades anteriores, ou seja, (2/8).(2/7).

Para cada nova carta retirada, a probabilidade torna-se 2/6, 2/5 etc., até que, ao restar duas cartas, a probabilidade é um, resultando na probabilidade final de

$$(2/8).(2/7).(2/6).(2/5).(2/4).(2/3)=64/20160=1/315.$$

Como varia essa probabilidade variando-se o número de cartas?

Sendo a probabilidade final dada por uma fração cujo numerador é 2 elevado a uma potência que cresce com o número de cartas e cujo denominador cresce com o fatorial do número de cartas, essa probabilidade diminui quando se aumenta o número de cartas (n), como seria de se esperar, pois o fatorial de n (n!) cresce mais rapidamente que 2^n.

Solução do peso do ouro e do algodão

A diferença é 792 quilos. Seis dúzias de dúzias totalizam 6x12x12=964 quilos, enquanto meia dúzia de dúzias totalizam 6x12=72 quilos. É comum restringir a atenção no fato de que um quilo de ouro e um quilo de algodão pesam a mesma coisa, sem prestar atenção na descrição das quantidades do problema.

Produto que resulta em 13

É simples, 1 x 13 = 13. Os dois únicos divisores de 13 são 1 e 13, mas existe uma tendência de desconsiderar a unidade, por ser divisor de todos os inteiros e, não esqueça, 1 é um número inteiro.

Objeto da compra estranha

O cliente estava comprando números de casas.

Peso da solução salina mais concentrada

A evaporação da água não alterou a quantidade de sal da solução. A solução concentrada continua com um Kg de sal, e para que essa quantidade seja 2% do total, o peso total da solução deve ser 50 Kg.

Formigas gigantes

Filmes de ficção científica apresentam, com frequência, situações fisicamente impossíveis. Considere-se, por exemplo, a situação em que uma anomalia qualquer (usualmente radioativa) produziu formigas gigantes, cujo tamanho passou de 1 cm para 1 m. Pode isso ser possível? Se a largura da formiga era de 4 mm ela passou para 40 cm, e se sua altura era de 6 mm ela passou para 60 cm, isto é, a ampliação de tamanho foi feita por um fator de 100, em todas as dimensões.

A capacidade de sustentação da perna da formiga foi aumentada na proporção da área de sua seção transversal, de 10.000 vezes, já que aumentou com o quadrado da ampliação de 100 vezes. Mas, o peso da formiga, sua massa volumétrica, aumentou com o cubo do fator de ampliação, um milhão de vezes, fazendo com que sua perna tenha que sustentar, proporcionalmente, um peso cem vezes maior.

A formiga ampliada deve se esborrachar no chão, não tendo capacidade de se levantar sobre suas pernas. Não é à toa que elefantes e hipopótamos têm pernas grossas.

Capítulo 6 - Problemas Numéricos

Números naturais

Os números naturais, definidos como o conjunto dos números inteiros positivos, possuem propriedades interessantes, estudadas no ramo da matemática designado por teoria dos números. O conjunto dos números naturais é infinito e tem as seguintes propriedades:

1. Se n e um número natural, n + 1 também é.
2. Qualquer subconjunto de números naturais contém sempre um número mínimo.
3. A soma e o produto de dois números naturais sempre resulta em um número natural.

Os números naturais são 1, 2, 3, 4, ... etc.

Dentre os números naturais, os mais importantes são os números primos, definidos como números que têm somente dois divisores (exatos), 1 e ele mesmo. Note-se que 2 é o único número primo par. Um número par é aquele que é divisível exatamente por 2, sem deixar resto. Se um número natural não é par, então ele é ímpar.

Antes de se discutir os problemas deste capítulo, será interessante apresentar algumas curiosidades que podem ser apresentadas em festinhas de aniversário ou conversas de bar, atraindo atenções para si e granjeando fama de ser uma pessoa muito inteligente.

Buracos negros

Matematicamente designado como ponto fixo em relação a uma determinada transformação aplicável a um conjunto de objetos, um buraco negro é um objeto do conjunto que, aplicada a transformação sobre ele, resulta nele mesmo. A especificação de um ponto fixo, ou buraco negro, deve então compreender a especificação do conjunto de objetos considerados, a transformação realizada (função que é aplicada ao objeto) e o objeto do conjunto que é o ponto fixo.

Assim, sobre o conjunto dos números reais positivos, a operação de raiz quadrada produz o ponto fixo 1. Partindo de qualquer número real positivo (maior que zero, racional ou irracional), e extraindo repetitivamente a raiz quadrada, chega-se a resultados cada vez mais próximos de um. Teoricamente, para chegar exatamente a um, o número de extrações de raiz quadrada pode ser infinito (diz-se que o resultado tende assintoticamente para 1).

Considerando uma calculadora comum, como ela não tem precisão infinita, em um determinado instante o resultado é arredondado, aparecendo exatamente o número 1 no visor. Para garantir um número finito de transformações para, partindo de qualquer elemento do conjunto, chegar ao buraco negro, restringe-se a discussão ao conjunto dos números naturais.

O buraco negro 123

O número 123 é um buraco negro no conjunto de números naturais sob a transformação seguinte, aplicada a um número qualquer (expresso no sistema numérico decimal): Conta-se o número de algarismos pares, o número de algarismos ímpares e o número total de algarismos do número. Justapõem-se, em sequência, os três números obtidos e o número assim formado é o resultado da transformação. Se o número não tem nenhum algarismo par ou ímpar, o algarismo zero deve ser colocado no resultado da transformação.

Testando com um número, por exemplo, 6720163783541936721, ele tem 8 algarismos pares (lembre-se que o zero é par), 11 algarismos ímpares e 19 no total. Justapondo esses valores, chegamos ao resultado da transformação, que é 81119. Aplicando novamente a transformação a esse número, que tem 1 algarismo par e 4 ímpares no total de 5 algarismos, obtém-se o novo resultado, 145. Aplicando novamente a transformação, chegamos a 123. A partir daí, a transformação aplicada ao número 123 vai resultar sempre no mesmo número 123, pois ele tem um algarismo par, dois ímpares e três no total.

Sob essa transformação, esse buraco negro é único, como são todos os buracos negros, não importando o número inicial considerado. A prova dessa afirmação é relativamente trivial. Se você não está interessado, salte para o tópico seguinte, mas lembre-se que o caminho seguido nessa prova pode ser útil, por analogia, para resolver outro problema bem diferente.

A transformação aplicada a um número com menos de 100 dígitos dará como resultado um número com, no máximo, 6 dígitos, pois as contagens dos algarismos pares, ímpares e totais serão expressas por números com dois dígitos, no máximo. A transformação aplicada a um número com seis dígitos resultará em um número com 3 dígitos. Basta, portanto, provar a existência do buraco negro 123 para qualquer número inicial com 3 dígitos.

Existem somente 4 possibilidades para o resultado da transformação aplicada a um número com 3 dígitos, 033, 123, 213 e 303. Transformando cada uma dessas possibilidades, obtém-se 033->123->123, 123->123 (ele próprio), 213->123->123 e 303->123->123. Atente-se ao caminho seguido para a demonstração: primeiro a dimensão do problema foi reduzida e, após, verificadas exaustivamente todas as possibilidades. Essa técnica é aplicada com bastante frequência na resolução de problemas complexos.

Constante de Kaprekar

O conjunto considerado agora é o dos números naturais com 4 dígitos, exigindo-se o uso eventual de zeros à esquerda para completar os quatro dígitos, com a exclusão de números formados por 4 algarismos iguais, como 0000, 1111, 2222 etc. A transformação é definida da seguinte maneira: forma-se o menor e o maior número possível com os mesmos algarismos do número inicial (colocando esses algarismos em ordem crescente e decrescente). Subtrai-se o menor do maior, e o valor obtido e o resultado da transformação.

Para qualquer número inicial de 4 algarismos, após não mais de sete transformações, chega-se ao buraco negro 6174 = 7641 - 1467. Por exemplo,

8362 -> 8632-2368=6264 -> 6642-2466=4176 ->7641-1467=6174 .

Não conheço uma prova formal, mas com os computadores atuais é viável o teste exaustivo dos possíveis 9990 números (Iembre-se que excluímos o 0000, 1111, 2222 ... 9999). Com um pequeno programa *ad hoc* testei os 9990 números, em um computador, em 13 segundos, conferindo o ponto fixo e o número de transformações necessárias para chegar a ele.

O resultado obtido foi: um número não necessitou de nenhuma transformação (o 6174, evidentemente), 383 números necessitaram de uma única transformação, 576 duas, 2400 três, 1272 quatro, 1518 cinco, 1656 seis e 2184 números necessitaram sete transformações. O resultado confirmou que qualquer número de quatro algarismos chega, em no máximo sete transformações, no ponto fixo.

Compra de selos

Anna foi ao correio, a pedido de seu avô, comprar selos de 1, 2, 3, 5 e 10 centavos. A recomendação era para comprar quatro unidades de selos de dois valores e três unidades dos demais. Anna recebeu do avô a quantia certa para a compra dos selos, em moedas de dez centavos.

Ao chegar ao correio, a dispersiva Anna se esqueceu de quais valores era para comprar quatro unidades. Pondo a cabecinha a funcionar, rapidamente matou a charada e voltou para casa com a encomenda solicitada. Quais os valores dos selos que foi solicitado comprar quatro unidades?

Pense na resposta, não muito difícil, que será apresentada adiante.

Outro buraco negro

Enquanto você resolve o problema dos selos, vamos apresentar outra transformação numérica interessante sobre os números naturais. Se o número é par, divida-o por dois, e se é ímpar, multiplique por três e some um.

Para qualquer número inicial, a aplicação sucessiva da transformação leva ao número um e, dele, ao quatro, ao dois e novamente ao um. Em vez de um ponto fixo tem-se um ciclo, que se repete indefinidamente.

Pode-se alterar a transformação para se obter um ponto fixo, que é o número 1, para a seguinte: Pega-se o produto dos divisores primos ímpares do número, multiplica-se por 3 e soma-se 1, obtendo-se como resultado da transformação o produto dos fatores impares desse resultado.

Por exemplo, a transformação do número 84 = 2x2x3x7. O produto de seus divisores ímpares é 3x7=21, que triplicado e incrementado resulta em 64, cujo único divisor impar é o um, que triplicado e incrementado resulta em 4, que também tem como único divisor ímpar o 1, transformando-se no mesmo 1 indefinidamente.

Não é preciso fatorar o número para calcular o produto de seus fatores primos ímpares. Como o único número primo par é o 2, enquanto o número a ser transformado for par, divide-se por dois. O primeiro resultado ímpar encontrado, se fatorado, conterá unicamente fatores ímpares, cujo produto é exatamente esse resultado ímpar.

Alguns ciclos podem ser longos, mas chega-se sempre ao 1. Por exemplo, partindo do número 31 é necessário 39 transformações para chegar ao 1.

Preços das revistas

Um cavalheiro entrou em uma banca, selecionou quatro revistas e dirigiu-se ao caixa. Usando uma calculadora, o funcionário do caixa anunciou o valor da compra, de R$ 7,11. Perguntado como chegara a esse total, ele respondeu que multiplicara entre si os preços das quatro revistas. Contestado que deveria somar e não multiplicar os preços, ele respondeu que não importava, pois o resultado seria o mesmo. Quais eram os preços das revistas?

Solução da quantidade dos selos

Comprando 3 selos de cada valor, seriam gastos 3 x (1+2+3+5+10) centavos, ou 63 centavos. Como não se esperava troco e o dinheiro levado foi em moedas de dez centavos, a próxima quantia múltipla de dez centavos é 70, 7 centavos a mais. Esses 7 centavos só podem pagar mais um selo de 2 e um de 5 centavos.

O múltiplo seguinte de dez, 80 centavos, é 17 centavos maior, incapaz de comprar somente dois selos sem troco. A encomenda então pedia a aquisição de quatro selos de 2 e 5 centavos e três dos demais valores.

Solução dos preços das revistas

Depois de muitas tentativas de resolver o problema, segui o caminho da força bruta. Um pequeno programa de computador, em pouco mais de dez minutos, identificou a única resposta. As revistas custaram 1,20, 1,25, 1,50 e 3,16 valores que, tanto multiplicados como somados produzem o mesmo resultado, 7,11. Se alguém achou um caminho melhor para resolver o problema, ficarei muito agradecido com a informação.

A título de curiosidade, uma solução inteira para que tanto a soma como o produto de quatro valores produzam o mesmo resultado, por hipótese 8, é 1, 1, 2 e 4.

Soma dos dígitos

Quando o gênio matemático Karl Friedrich Gauss tinha nove anos, na escola primária, o mestre-escola ordenou que todos tomassem lápis e papel e somassem os números de um a cem, esperando ter um pouco de paz durante o tempo que certamente os alunos levariam para realizar o exercício.

Em um intervalo de tempo muito curto, Gauss levantou-se e levou ao mestre seu resultado correto, que imediatamente perguntou como ele tinha feito o cálculo em tão pouco tempo.

Gauss explicou que imaginou uma linha com os 100 números em ordem crescente, 1, 2, 3... e, abaixo, outra linha com os mesmos números em ordem decrescente, 100, 99, 98... Somando cada par de números, o resultado era sempre igual a 101, e a soma das cem parcelas era igual a 100 vezes 101, ou 10.100. Como cada número foi somado duas vezes, o resultado deveria ser dividido por dois, dando o total de 5.050.

O problema proposto, agora, é calcular a soma de todos os dígitos dos números naturais de um a um milhão. Note, não é a soma dos números, mas a soma de todos os dígitos dos números. Inspire-se em Gauss e faça o cálculo.

Resposta da soma dos dígitos

Inspirados em Gauss, emparelhamos os números de zero a 999.999, em duas fileiras, uma em ordem crescente e outra decrescente.

0	1	2	3 ...	999997	999998	999999
999999	999998	999997	999996 ...	2	1	0

A soma dos dígitos de cada par de números será sempre 54, então a soma total desse milhão de parcelas será 54.000.000, mas como os dígitos de cada número foram somados duas vezes, o resultado deve ser dividido por dois, resultando em 27.000.000.

Como o número 1.000.000 não foi incluído na soma, deve-se acrescentar a soma de seus dígitos, que é um, produzindo o resultado final 27.000.001.

Comerciante de vinho

Um comerciante de vinho tem seis garrafões, com capacidades de 15, 16, 18, 19, 20 e 31 litros, todos cheios de vinho menos um que está cheio de cerveja. Atendendo a dois clientes ele vendeu todo o vinho e ficou para si com o garrafão de cerveja. Sabendo que um cliente comprou o dobro da quantidade de vinho que o outro, determine a capacidade do garrafão de cerveja.

A idade da filha mais velha

Um casal tinha 15 filhas, todas nascidas a intervalos de um ano e meio (era um casal muito metódico). A filha mais velha recusou-se a dizer sua idade em uma entrevista, mas deu uma pista. Ela disse que era sete vezes mais velha que a sua irmã caçula. Com essa informação deseja-se obter a idade da filha mais velha.

Compra da bicicleta

Um rapaz compra uma bicicleta, em uma loja, por 150 reais, dando ao dono da loja um cheque de 250 reais. Como ele não tinha dinheiro no caixa, trocou o cheque por dinheiro com o lojista seu vizinho, dando ao rapaz o troco de 100 reais. No dia seguinte o lojista recebe de seu vizinho o cheque, sem fundos, e devolve a ele os 250 reais que tinha recebido.

O lojista não conseguiu localizar o comprador para cobrar o cheque sem fundos. Sabendo-se que a bicicleta custou 110 reais ao lojista, qual foi o seu prejuízo real na operação?

Mistura de vinho na água

Um comerciante tem dois recipientes, um com dez litros de água e outro com dez litros de vinho. Com uma caneca ele retira um litro de água do primeiro recipiente e despeja no recipiente que tem o vinho e mistura homogeneamente. O segundo recipiente, agora, tem uma proporção de água no vinho de um para dez, isto é, um litro de água e dez litros de vinho.

A seguir ele retira um litro da mistura e joga de volta no primeiro recipiente. Deseja-se saber agora qual a proporção de água para vinho que ficou no segundo recipiente.

O leiteiro honesto

Um leiteiro "honesto" tem um recipiente A com uma certa quantidade de água e um recipiente B com uma outra quantidade de leite. Em uma primeira operação, ele despeja água do recipiente A no leite até que a quantidade de líquido no recipiente B seja duplicada, a água misturada no leite. Em uma segunda operação, ele despeja a mistura do recipiente B no recipiente A até que a quantidade de líquido que tinha restado em A seja duplicada. Finalmente, na terceira operação, ele despeja do recipiente A no B uma quantidade de líquido até que os dois recipientes tenham a mesma quantidade.

Completando suas manobras, o recipiente A é encaminhado para venda, como se fosse leite. O que se deseja saber é qual a proporção de água para leite que ficou no recipiente A. Não se sabe as quantidades iniciais de água e leite que estavam nos recipientes.

Inteiros consecutivos divisíveis por sete

A soma dos dígitos de um número inteiro é divisível por 7. Somando um a esse número, o inteiro resultante também tem a soma de seus dígitos divisível por 7. Qual o menor número inteiro que possui essa propriedade?

Três inteiros consecutivos

Descubra três números inteiros consecutivos tal que o produto dos números extremos seja uma unidade menor que o quadrado do número do meio.

Solução da capacidade do garrafão de cerveja

O total de litros de vinho comprado pelos clientes deve ser múltiplo de três, já que um comprou o dobro do outro. A soma das capacidades dos garrafões é 119 litros que, dividido por três, dá um resto dois. O garrafão de cerveja deve ter, portanto, uma capacidade que é um múltiplo de três mais dois litros.

O único garrafão com uma capacidade satisfazendo o requisito acima é o de 20 litros, que deve ser o de cerveja. Os clientes compraram em conjunto, portanto, 99 litros de vinho, um deles 33 litros, levando os garrafões com capacidades 15 e 18 litros, e o outro 66 litros, levando os garrafões com capacidades 16, 19 e 31 litros.

Revelando a idade da filha mais velha

Sendo 15 as irmãs, entre o nascimento da mais velha e o nascimento da caçula transcorreram 14 intervalos de um ano e meio, ou seja, 21 anos. Se a diferença de idades, que é 21 anos, é sete vezes a idade da caçula, então sua idade será um sétimo de 21, ou seja, três anos, determinando-se a idade da mais velha, portanto, como de 21 mais três, ou seja, 24 anos.

Se você considerou que a idade da mais velha era sete vezes a idade da caçula, não se aborreça, pois esse engano é comum. Não é um problema de interpretação, mas simplesmente de entendimento correto do enunciado do problema.

Cálculo do prejuízo na venda da bicicleta

O cálculo é bastante simples. A conta do lojista com seu vizinho ficou equilibrada, pois ele devolveu os 250 reais que tinha recebido. Já com o comprador da bicicleta, o prejuízo do lojista foi os 100 reais que lhe deu de troco mais os 110 reais do custo da bicicleta, que perfazem um total de 210 reais.

Resultado da proporção da mistura de vinho na água

Ora, se a mistura da água no vinho foi realmente bem feita, a proporção não se alterou com a retirada de um litro retornado para o primeiro recipiente, continuando de uma parte de água para dez de vinho.

Para pensar mais um pouco, qual a proporção de vinho para água que ficou no primeiro recipiente?

Resultado da proporção de água no leite

A quantidade inicial de água não pode ser menor que a quantidade de leite, senão não seria possível realizar a primeira operação, e também não pode ser exatamente igual à quantidade de leite, pois após a primeira operação o recipiente A estaria vazio. A segunda operação seria duplicar o conteúdo de um recipiente vazio, que continuaria vazio, não se podendo realizar a terceira operação.

Por outro lado, a quantidade de água não pode ser maior que o triplo da quantidade de leite, senão, após a primeira operação, o recipiente A ficaria com uma quantidade de líquido maior que o recipiente B, não sendo possível efetuar a segunda operação.

Após a primeira operação, o recipiente B duplicará seu conteúdo de leite com água, ficando então com uma mistura de leite e água em proporções iguais. Na segunda operação, a mistura vertida do recipiente B no A é metade leite e metade água. Se antes dessa operação A tinha duas metades de água, essa quantidade será duplicada para quatro metades, sendo uma de água e uma de leite.

Após a segunda operação, o recipiente A conterá três partes de água para uma de leite, e a terceira operação não altera essa proporção, servindo apenas para eliminar a possibilidade de quantidades iniciais iguais de água e leite.

Os inteiros consecutivos divisíveis por sete

Somando 1 a um número, a soma de seus dígitos será também incrementada de 1, a menos que seu algarismo das unidades seja 9, e o das dezenas menor que 9, resultando em 0 com um vai um. A soma dos dígitos resultante é diminuída de 8 (menos 9 mais 1).

Se o número termina em x99, sendo x menor que 9, o resultado será y00, sendo y=x+1, e a soma dos dígitos do número resultante diminuída de 17 unidades (duas vezes 9 menos um).

O número então deve terminar em nove ou em uma sequência de noves. A soma dos algarismos antes da sequência final de noves, incrementada de um, deve então ser divisível por sete. O menor número possível é quando o número é formado por um seis, seguido por uma sequência de noves. A questão agora é determinar quantos noves deve ter a sequência final do número.

Somando um a um número da forma 69...99 resulta em 70..00, cuja soma dos dígitos, 7, é obviamente divisível por 7. A soma dos dígitos do número original, s=9n+6 deve ser divisível por 7. Para n=1, s=15, para n=2, s=24, para n=3, s=33, para n=4, s=42, que finalmente é divisível por 7.

O número buscado, então, é 69999, cuja soma dos dígitos, 42, é divisível por 7, e, incrementado, resulta em 70000, cuja soma dos dígitos, 7, também é divisível por 7.

Solução dos inteiros consecutivos

Sejam os três números inteiros consecutivos n-1, n e n+1. Qualquer que seja o valor de n, sempre se terá $(n-1).(n+1)=n^2-1$, portanto, a propriedade se verifica para quaisquer três números inteiros consecutivos.

A álgebra é um atalho muito interessante para muitos problemas!

Capítulo 7 - Percepção e Raciocínio

As Filhas do Matemático

Este problema é muito interessante e foi apresentado na coluna *Mathematical games*, de *Martin Gardner*, na revista *Scientific American*, na década de 60 do século passado. Dois matemáticos, vamos chamá-Ios de Douglas e Martin, encontram-se no campus de uma universidade e, após os cumprimentos iniciais, desenvolvem o seguinte diálogo:

Douglas - E a família, como vai? Tens três filhas, não é?

Martin - Sim, estão todas bem.

Douglas - Que idades tuas três meninas têm hoje?

Martin - Olha, o produto das idades das três é 36 e a soma das idades, por coincidência, é o número daquela casa do outro lado da rua.

Douglas olha o número e continua o diálogo.

Douglas - Mas só com essa informação não dá para saber.

Martin – Esqueci de contar, a mais velha toca piano.

Douglas - Por que não disseste antes?

E então disse, corretamente, as idades das meninas. Quais as idades das filhas de Martin?

Premissas implícitas

Parece lícito supor que as idades das pessoas são designadas em anos, por números inteiros, não sendo comum expressá-las por números fracionários.

Assim, matematicamente, o problema se reduz a determinar três números inteiros que tenham por produto 36 e por soma o número da casa indicada. Mas qual era o número da casa?

Adicionalmente, é também lícito supor que todas as filhas de Martin têm pelo menos um ano, senão o produto de suas idades seria zero.

Com essas dicas, interrompa a leitura e descubra as idades das meninas. Não, não é piada, o assunto é sério!

Busca exaustiva

O método da força bruta pode ser empregado pela pequena dimensão do problema, sem usar a álgebra, pois não são muitos os conjuntos de três números inteiros que, multiplicados entre si, resultam em 36. As formas possíveis de fatorar o número 36 em três parcelas são dadas na tabela seguinte.

1	1	36
1	2	18
1	3	12
1	4	9
1	6	6
2	2	9
2	3	6
3	3	4

Os três valores em cada linha da tabela indicam cada uma das oito possíveis soluções para o problema, mas qual a correta?

Pensando no número da casa, acrescente-se mais uma coluna na tabela, com a soma das idades de cada possível solução.

1	1	36	**38**
1	2	18	**21**
1	3	12	**16**
1	4	9	**14**
1	6	6	**13**
2	2	9	**13**
2	3	6	**11**
3	3	4	**10**

Examinando a quarta coluna, verificamos a particularidade de que duas possíveis soluções apresentam o mesmo valor para a soma das idades, mas, que informação nova traz essa constatação?

Usando a informação que os dois personagens são matemáticos que se encontram em uma universidade, é lícito inferir que ambos devem tratar os números com intimidade, e Douglas não conseguiu determinar as idades porque o número da casa era 13, o que proporcionava duas alternativas diferentes para a resposta. Se o número da casa fosse qualquer outro da tabela, existiria uma única resposta possível.

A esta altura, já fica evidente que duas das filhas de Martin têm a mesma idade, não se sabendo se são as mais moças ou as mais velhas.

A informação "a mais velha toca piano" fornece a informação faltante, de que existe uma menina que é mais velha que as outras duas, portanto as gêmeas são as mais moças, com dois anos, e a mais velha tem nove anos.

Informações necessárias

Para resolver o problema é necessário usar a informação disponível em sua formulação, não claramente explicitada, e efetuar inferências.

Em primeiro lugar, a informação de que os personagens são matemáticos, o que permite a inferência de que, se o problema tivesse uma solução numérica única, ela seria determinada sem dificuldade.

A segunda informação necessária, na frase "a mais velha toca piano", pelo inusitado e fora de contexto, foca a atenção em "toca piano", quando a relevância está em "a mais velha", que informa que existe uma menina que é mais velha.

Esse artifício de desviar a atenção para um ponto irrelevante, dificultando a percepção do que é realmente relevante, é muito usado por mágicos na realização de seus truques. Esse ponto é central no livro de Edward de Bono "I am right - you are wrong", que critica a ênfase dada à lógica do raciocínio, em detrimento da lógica da percepção, por ele julgada muito mais importante.

Mesmo em problemas explicitamente formulados, já foi determinado que a principal dificuldade de alunos do ensino fundamental (e até mesmo universitários) em resolver problemas de matemática reside, não na matemática envolvida no problema, mas na dificuldade de entender o seu enunciado.

Comentários adicionais sobre a idade das meninas

Como formulado, a solução apresentada carece de rigor, pois as idades das meninas podiam ser 2, 6 e 6 anos. Mas quem é a mais velha?

As duas meninas com seis anos podiam ter nascido com menos de um ano de diferença, e o diálogo poderia ter ocorrido quando a mais moça delas acabou de completar seis anos e a mais velha está em vias de completar sete anos, mas ainda é considerada com seis anos de idade, como se faz convencionalmente. Nesse caso, embora ambas sejam consideradas com seis anos, existe uma que é mais velha que as outras.

A formulação do problema fica mais rigorosa se incluirmos no diálogo informações que impossibilitem essa hipótese, como na formulação mais precisa do problema, apresentada a seguir, onde a informação adicional é apresentada em itálico.

Formulação rigorosa

Dois matemáticos, vamos chamá-los de Douglas e Martin, encontram-se no campus de uma universidade *numa quente tarde de julho* e, após os cumprimentos iniciais, desenvolvem o seguinte diálogo:

Douglas - E a família, como vai? Tens três filhas, não é?

Martin - Sim, estão todas bem.

Douglas - Coincidentemente, todas elas nasceram na semana do natal, se bem me lembro.

Martin - É isso mesmo, o que economiza bastante em festinhas de aniversário.

Douglas - Que idades tuas três meninas têm hoje?

Martin - Olha, o produto das idades das três é 36 e a soma das idades, por coincidência, é o número daquela casa do outro lado da rua.

Douglas olha o número e continua o diálogo.

Douglas - Mas só com essa informação não dá para saber.

Martin - Esqueci de contar, a mais velha toca piano.

Douglas - Por que não disse antes?

E então disse, corretamente, as idades das meninas. Quais as idades das filhas de Martin?

Situando o diálogo em julho e os aniversários das meninas em dezembro, elimina a possibilidade de se ter duas meninas com a mesma idade que não sejam gêmeas. A tarde estava quente porque em julho é verão no hemisfério norte, onde ocorreu o diálogo.

A carta desaparecida

Uma brincadeira que circulou na internet, sem identificação de sua origem, apresentava seis cartas de baralho e solicitava que se escolhesse uma delas, memorizando-a e concentrando nela toda a atenção por pelo menos vinte segundos. Em sequência, a imagem era substituída por outra com somente cinco cartas do baralho, onde faltava exatamente aquela que tinha sido escolhida.

Experimente com a imagem a seguir, escolhendo uma carta, concentrando nela todo seu poder mental.

Agora, anote a carta escolhida e veja, adiante, a imagem, com cinco cartas, de onde, misteriosamente, desapareceu exatamente a carta que você escolheu.

Anedota antiga

Uma antiga anedota conta que um professor de anatomia, dando aula para uma turma de calouros de um curso de medicina, enfatizou em sua explanação inicial que um bom médico devia ter, entre outras, duas qualidades: ser bom observador e ter estômago forte. Exemplificando, passou um dedo sobre o cadáver à sua frente e o levou à boca, desafiando os estudantes a fazerem o mesmo.

Após alguns instantes de perplexidade, levanta-se uma menina corajosa e repete o gesto do professor. Passado o impacto, o professor comenta:

- Moça, você provou que tem o estômago forte, mas não é nem um pouco observadora, senão teria percebido que eu passei o dedo médio no cadáver e levei o dedo indicador à boca.

Qual a cor do Urso

Um problema clássico interessante, discutido por Polya em sua obra consagrada, trata da situação descrita a seguir.

Um explorador sai de seu acampamento, numa manhã, e percorre dez quilômetros sempre na direção sul. Do ponto atingido, ele desloca-se mais dez quilômetros em direção leste, e daí, outros dez quilômetros na direção norte e, surpreendentemente, retorna a seu acampamento onde encontra um urso em sua barraca. A pergunta é: qual a cor do urso?

Não siga a leitura antes de tentar descobrir uma linha de raciocínio capaz de lhe levar a uma resposta convincente.

Como é possível andar 10 Km para o sul, 10 Km para o leste e mais 10 Km para o norte e retornar ao ponto de partida? Ou melhor, se tal é possível, em que lugar do planeta? Com essa dica tente descobrir a cor do urso antes de prosseguir na leitura.

Para onde foi a carta?

Impressionante, exatamente a carta que você escolheu sumiu do conjunto original de seis cartas. Mas este livro foi impresso sem ter a mínima ideia de quem seriam seus leitores, muito menos de qual carta escolheriam, então como o truque pode ter dado certo? Deixo por sua conta descobrir.

Data de aniversário

Anteontem eu tinha 29 anos, e no próximo ano completarei 32. Qual a data do meu aniversário?

Vacas pastando

Um fazendeiro tem um cercado usado para alimentar suas vacas de leite. Cada vaca come, por dia, a mesma quantidade de pasto, independente de quaisquer outras vacas presentes ou da quantidade de pasto disponível. Colocando seis vacas no cercado, ele observa que elas levam três dias para consumir todo o pasto.

O fazendeiro então tira as vacas do cercado, para que o pasto cresça até restaurar o estado anterior. Ele então coloca apenas três vacas no cercado, e elas levam sete dias para consumir todo o pasto, e não os seis dias que ele esperava.

Como explicar essa diferença? Que fator deixou de ser considerado? Adicionalmente, partindo da mesma situação do pasto, por quantos dias uma única vaca poderá pastar no cercado?

Localização do urso

A resposta óbvia é no polo norte. Se o acampamento do explorador está localizado exatamente no polo norte, ao andar 10 Km para a sul, ele se deslocará sobre um meridiano e atingirá um ponto em um paralelo distante 10 Km do polo norte. Deslocando-se 10 Km para a leste, sua rota estará sempre sobre esse paralelo, ou seja, ele se manterá sempre a 10 Km do polo norte. Na última etapa da jornada, de qualquer ponto desse paralelo, deslocando-se 10 Km para o norte ele seguirá por um meridiano que o levará de volta ao polo norte, onde está o seu acampamento.

Entra em cena agora o conhecimento a priori, de que no ártico existem ursos brancos, não se tendo conhecimento da existência de ursos de outra cor. Como a ação descrita só pode ter acontecido no ártico, e como lá só existem ursos brancos, a cor do urso encontrado pelo explorador ao chegar de volta a seu acampamento só pode ser branca.

Alternativas à localização do acampamento

Existem outras alternativas para a localização do acampamento do explorador onde ele poderia realizar a jornada descrita, agora nas proximidades do polo sul.

Existe um paralelo, próximo ao polo sul, que tem exatamente 10 Km de comprimento. Se o acampamento do explorador está situado em qualquer ponto 10 Km ao norte desse paralelo, ao percorrer 10 Km na direção sul ele atinge um ponto x exatamente sobre esse paralelo. Daí, ao deslocar-se 10 Km para o leste, percorrerá toda a extensão desse paralelo, retornando ao mesmo ponto x. A terceira etapa do percurso, 10 Km para o norte, segue em sentido contrário à primeira etapa, sobre o mesmo meridiano, retornando ao acampamento.

O mesmo raciocínio pode ser feito sobre um paralelo de comprimento igual a 5 Km. Atingido o ponto x, o deslocamento de 10 Km para o leste dá duas voltas completas sobre esse paralelo e retorna ao mesmo ponto x. Outros paralelos podem ser escolhidos, cada um com comprimento que seja um múltiplo inteiro de 10 Km, proporcionando infinitas possibilidades para a localização do acampamento do explorador, todas elas nas proximidades do polo sul.

Mas essa localização alternativa não leva a uma conclusão coerente. Se o explorador tivesse encontrado um pinguim ao voltar ao acampamento, tudo bem, mas um urso na antártica? Não se tem conhecimento de ursos no polo sul, portanto, o explorador devia estar mesmo no polo norte e o urso era realmente branco.

Entra e sai do elevador

Um problema desafiador, tradicionalmente colocado de forma oral, é o descrito a seguir.

Em um prédio de escritórios, o elevador no térreo, vazio, recebe sete pessoas. Na parada seguinte, descem duas pessoas e entram três. Na parada seguinte, descem quatro pessoas. Na seguinte, desce uma e entram três. Na seguinte, descem duas e entram cinco. Na seguinte, descem quatro e entra uma. Na seguinte, entram mais duas pessoas, e na última parada, descem todas.

A pergunta é: em quantos andares parou a elevador? Responda sem reler a parágrafo anterior.

Repete-se aqui a mesma técnica do mágico, de desviar a atenção. Na maioria dos casos, a atenção é concentrada na quantidade de pessoas na cabine do elevador, questão mais complexa que o número de andares onde ele para. Não ter sabido responder corretamente a pergunta acima resulta em uma aprendizagem valiosa na resolução de outros problemas, pela necessidade de se prestar atenção a aspectos aparentemente irrelevantes dos mesmos.

Pode-se variar o problema, como perguntar em que trecho o elevador ficou exatamente com quatro pessoas, ou com nove, ou, prosaicamente, como se chama o ascensorista. Embora o ascensorista não tenha sido mencionado, ele pode ser chamado apertando-se o botão de chamada do elevador (esta história é antiga, da época em que um elevador devia ser operado por um ascensorista).

A data do aniversário

A data do aniversário só pode ser 31 de dezembro. A declaração foi feita em primeiro de janeiro, quando já com 30 anos, e em 30 de dezembro, no ano anterior, tinha 29. Em dezembro do ano atual completará 31 anos e, em dezembro do próximo ano, completará 32 anos.

O pasto cresce

Não foi considerado o fato que o pasto continua a crescer. No primeiro caso foram consumidas 18 rações diárias, pelas seis vacas, em três dias de pastagem. No segundo caso, foram consumidas 21 rações diárias, pelas três vacas, em sete dias de pastagem.

A quantidade inicial de pasto, mais três dias de crescimento, dão as 18 rações, e a mesma quantidade inicial mais sete dias de crescimento dão as 21 rações. Então nos quatro dias adicionais o pasto cresce uma quantidade igual e três rações, a diferença entre 18 e 21, ou seja, o pasto cresce a uma razão de três quartos de ração por dia.

No primeiro caso, dos 72 quartos de ração consumidos, nove cresceram durante os três dias, sendo os 63 quartos restantes supridos pela pastagem inicial, da mesma forma que no segundo caso, dos 84 quartos de ração consumidos, 21 quartos cresceram nos sete dias, e os restantes 63 da condição inicial da pastagem.

Com uma única vaca no cercado, da ração comida diariamente, três quartos são supridos pelo crescimento do pasto, devendo o quarto restante ser suprido pelo estoque inicial de pasto, à razão de um quarto de ração por dia. Então, levará 63 dias para uma única vaca consumir todo o pasto.

Capítulo 8 – Malba Tahan

Sob o pseudônimo de Malba Tahan, o saudoso professor de matemática do Colégio Pedro II, Julio César de Mello e Souza, publicou um clássico de minha geração, "O Homem que Calculava", traduzido para doze línguas e com mais de 40 edições em Português, dois milhões de exemplares vendidos, com problemas de matemática expressos e discutidos em um contexto atraente e lúdico.

Um desses problemas, bastante difundido, consistia em identificar, dentre nove moedas supostamente verdadeiras (idênticas, isto é, com a mesma forma, dimensões e peso), aquela única falsa mais pesada (isto é, com mesma forma e dimensões, mas, mais pesada que uma moeda verdadeira), realizando, para tanto, somente duas comparações em uma balança de dois pratos.

A balança de dois pratos

Para ser preciso, uma balança de dois pratos é um dispositivo capaz de comparar os pesos (ou massas) de dois objetos ou grupos de objetos colocados em cada um de seus pratos. Se a balança, por meio de um ponteiro, indicar equilíbrio, os conteúdos de cada prato têm o mesmo peso. Se não houver equilíbrio, o ponteiro indicará em qual dos dois pratos está o conteúdo mais pesado, sem indicar qual o valor da diferença de peso nos pratos.

O número de comparações

O problema das nove moedas pode ser resolvido com facilidade se não houver limite no número de pesagens ou comparações que podem ser feitas. Podemos seguir, por exemplo, o procedimento abaixo, em cuja descrição, por facilidade, vamos designar cada uma das nove moedas pelos dígitos 1, 2, 3 etc. até 9.

1. Como primeira comparação, colocamos uma moeda em cada um dos pratos da balança, por exemplo, as moedas 1 e 2, e observamos o ponteiro. Se não houver equilíbrio, a moeda falsa é aquela que foi colocada no prato indicado como mais pesado e o problema está resolvido. Se houver equilíbrio, as duas moedas são verdadeiras, e seguimos para o passo seguinte.

2. Na segunda comparação, novamente colocamos uma moeda em cada prato, digamos as moedas 3 e 4. Se não houver equilíbrio, a moeda falsa é aquela que foi colocada no prato indicado como mais pesado e o problema está resolvido. Se houver equilíbrio, as duas moedas são verdadeiras, e seguimos para o passo seguinte.

3. Na terceira comparação, novamente colocamos uma moeda em cada prato, digamos as moedas 5 e 6. Se não houver equilíbrio, a moeda falsa é aquela que foi colocada no prato indicado como mais pesado e o problema está resolvido. Se houver equilíbrio, as duas moedas são verdadeiras, e seguimos para o passo seguinte.

4. Na quarta comparação, novamente coloca-se uma moeda em cada prato, por hipótese as moedas 7 e 8. Se não houver equilíbrio, a moeda falsa é aquela que foi colocada no prato indicado como mais pesado e o problema está resolvido. Se houver equilíbrio, as duas moedas comparadas são verdadeiras, e a falsa, então, só pode ser a moeda 9,

Se tivermos sorte e a moeda falsa for uma das designadas pelos números 1 ou 2, o problema será resolvido em apenas uma pesagem. A única coisa que se pode garantir é que, com o procedimento descrito, a moeda falsa será identificada com a realização de, no máximo, quatro pesagens.

Premissas do problema

Note-se que admitimos como verdadeira a premissa de que existe uma única moeda falsa, mais pesada, entre as nove moedas, e que as outras oito têm exatamente o mesmo peso. Se todas as moedas forem verdadeiras, após a quarta pesagem, concluiríamos, erradamente, que a moeda designada pelo número 9 é falsa, e se houver mais de uma falsa, somente será indicada como tal a primeira identificada.

Situação pior pode ocorrer se existirem duas moedas falsas com o mesmo peso. Se exatamente essas duas moedas forem comparadas em uma das pesagens, elas serão consideradas verdadeiras, pois haverá equilíbrio da balança.

Um procedimento como o descrito resolverá corretamente o problema se as premissas consideradas forem corretas. Deve-se ter cuidado ao extrair corretamente, da descrição do problema (seu enunciado), as premissas que devem ser consideradas.

Redução do problema

O problema original consistia em identificar dentre nove moedas, todas igualmente suspeitas, qual era a falsa. Após a primeira pesagem, ou a moeda falsa foi identificada ou, na hipótese de equilíbrio da balança, o problema ficou reduzido a identificar a moeda falsa, agora dentre somente sete moedas suspeitas, pois as duas utilizadas nessa pesagem não são mais suspeitas, pois foram confirmadas como verdadeiras.

De forma similar, na segunda pesagem ou o problema é resolvido ou o número de moedas suspeitas se reduz a cinco, até que, na pior das hipóteses, após a quarta pesagem sobra somente uma moeda suspeita, que deve necessariamente ser a falsa, a menos que não exista nenhuma moeda falsa, o que contraria a premissa inicial.

Procedimento sistemático

Um procedimento adequado para a resolução de um problema é usualmente estruturado em diversas etapas ou passos sucessivos, e cada um desses passos deve contribuir no sentido da solução do problema. É o caso do procedimento proposto acima: cada um dos quatro passos contribui nesse sentido, ou resolvendo o problema ou diminuindo o número de moedas suspeitas de duas unidades, até restar só uma.

Dito de outra forma, a sequência de passos possui uma organização, tem uma estrutura, segue um sistema, não é aleatório. O ato de contribuir para a solução do problema pode ser entendido como a transformação do problema original em outro mais simples, de menor dimensão (o número de moedas suspeitas) ou, em uma designação mais genérica, em um problema menos complexo, ou de menor complexidade.

Outra abordagem bastante utilizada é a de dividir (quebrar) o problema original em problemas (ou subproblemas) de menor complexidade. As soluções de cada um dos subproblemas, mais simples, adequadamente combinadas, podem levar à solução do problema original. Esta e outras abordagens serão discutidas mais adiante.

Mas, afinal, o que é um algoritmo?

ALGORITMO é um nome bonito que se dá a um procedimento para a resolução de um problema. Sim, e só isso!

É muito comum confundir o conceito de algoritmo com a descrição de um algoritmo. É como confundir uma pessoa (um ser humano) com seu nome, sua fotografia ou seu número de CPF, suas diferentes possíveis descrições.

Existe uma enorme variedade de formas de se descrever um algoritmo. A descrição de um algoritmo deve ser precisa, no sentido de não conter ambiguidades que possam levar a diferentes interpretações sobre como devem ser realizados cada um de seus passos.

Uma receita culinária, que também é a descrição de um algoritmo, pode especificar algo como «pegue um frango de um quilo, três batatas grandes, uma pitada de sal... « e dificilmente se verá duas pessoas, seguindo a mesma receita, produzirem o mesmo resultado, ou até a própria pessoa, em duas ocasiões diferentes, produzir idênticas iguarias.

O problema é que as especificações não são precisas. O que é «uma batata grande»? o que é uma «pitada»? Mesmo um «frango de um quilo» é entendido, normalmente, como uma especificação de ordem de grandeza, sem qualquer precisão.

A seguir vamos apresentar diversas descrições alternativas do mesmo algoritmo apresentado anteriormente (que vamos chamar de algoritmo ingênuo) para a solução do problema das nove moedas.

Algoritmo ingênuo (em português)

Para maior clareza, os passos do algoritmo são numerados progressivamente. Esses passos devem ser seguidos na ordem em que são apresentados, a menos que seja comandado o salto para um passo diferente do seguinte. Para que a descrição do algoritmo seja eficaz, isto é, leve sempre à solução do problema, ela não deve conter ambiguidades.

1. Identifique cada moeda com um algarismo (de 1 a 9).

2. Coloque as moedas identificadas pelos algarismos 1 e 2 em cada prato e observe o ponteiro da balança.

3. Se houver equilíbrio, salte para o passo 6.

4. Se a moeda 1 estiver no prato mais pesado, ela é a falsa (FIM).

5. A moeda falsa é a 2 (FIM).
6. Coloque as moedas identificadas pelos algarismos 3 e 4 em cada prato e observe o ponteiro da balança.
7. Se houver equilíbrio, salte para o passo 10.
8. Se a moeda 3 estiver no prato mais pesado, ela é a falsa (FIM).
9. A moeda falsa é a 4 (FIM).
10. Coloque as moedas identificadas pelos algarismos 5 e 6 em cada prato e observe o ponteiro da balança.
11. Se houver equilíbrio, salte para o passo 14.
12. Se a moeda 5 estiver no prato mais pesado, ela é a falsa (FIM).
13. A moeda falsa é a 6 (FIM).
14. Coloque as moedas identificadas pelos algarismos 7 e 8 em cada prato e observe o ponteiro da balança.
15. Se houver equilíbrio, salte para o passo 18.
16. Se a moeda 7 estiver no prato mais pesado, ela é a falsa (FIM).
17. A moeda falsa é a 8 (FIM).
18. A moeda falsa é a 9 (FIM).

A indicação (FIM) significa que o problema foi resolvido e não deve ser executado mais nenhum passo do algoritmo. Note que essa indicação ocorre exatamente nove vezes, correspondendo a cada uma das nove hipóteses de solução do problema. Essa indicação poderia ser substituída pelo comando "salte para o passo 19", que seria, então:

19. o problema está resolvido.

Generalização

O algoritmo ingênuo pode ser aplicado para identificar a única moeda falsa, mais pesada que uma verdadeira, dentre n moedas. Uma possível descrição do algoritmo para resolver o problema generalizado pode ser:

1. Faça uma pilha com as moedas e chame-as de suspeitas.
2. Pegue as duas moedas do topo da pilha e coloque uma em cada prato da balança.
3. Se houver desequilíbrio, a moeda falsa é a que está no prato mais pesado (FIM).
4. Descarte as moedas comparadas (a pilha de moedas suspeitas ficou agora reduzida de duas unidades).
5. Pegue as duas moedas do topo da pilha e coloque uma em cada prato da balança.
6. Se houver desequilíbrio, a moeda falsa é a que está no prato mais pesado (FIM).
7. Descarte as moedas comparadas (a pilha de moedas suspeitas ficou agora reduzida de mais duas unidades).
8. Pegue as duas moedas do topo da pilha e coloque uma em cada prato da balança.
9. Se houver desequilíbrio, a moeda falsa é a que está no prato mais pesado (FIM).
10. Descarte as moedas comparadas (a pilha de moedas suspeitas ficou agora reduzida de mais duas unidades).

11. Etc, etc.

Recursividade

Notando que os passos 2-3-4, 5-6-7, 8-9-10, etc. diferem unicamente no número de moedas da pilha de moedas suspeitas, pode-se propor uma descrição do algoritmo muito mais concisa, distinguindo uma fase de preparação ou estruturação do problema (ou seus dados) antes da aplicação propriamente dita do algoritmo.

Preparação:

Organize as moedas em uma pilha.

Aplicação:

1. Pegue as duas moedas do topo da pilha e coloque uma em cada prato da balança.
2. Se houver desequilíbrio, a moeda falsa é a que está no prato mais pesado e o problema está resolvido (FIM).
3. Descarte as moedas comparadas e aplique o mesmo algoritmo à pilha restante de moedas, agora reduzida de duas unidades.

Note que agora a descrição ficou muito mais concisa (e elegante), pois o passo 3 do algoritmo requer a aplicação do próprio algoritmo, de forma circular, mas fica ainda a questão em aberto, se o processo chega, efetivamente, a um fim.

O problema da parada

O problema da parada fica evidente no caso, por exemplo, de n=9, quando a moeda falsa é a última da pilha de moedas suspeitas. Após a quarta aplicação do algoritmo, a pilha fica reduzida a uma única moeda, sobre a qual o algoritmo deve ser novamente aplicado, mas como realizar seu primeiro passo, já que a pilha não tem duas moedas para ser dela retiradas?

O algoritmo deve contemplar essa hipótese, podendo ser descrito da forma a seguir:

Aplicação:

1. Se a pilha contiver uma única moeda, essa é a falsa e o problema está resolvido (FIM).
2. Pegue as duas moedas do topo da pilha e coloque uma em cada prato da balança.
3. Se houver desequilíbrio, a moeda falsa é a que está no prato mais pesado e o problema está resolvido (FIM).
4. Descarte as moedas comparadas e aplique o mesmo algoritmo à pilha de moedas, agora reduzida de duas unidades.

Agora o algoritmo está correto, supondo que exista uma única moeda falsa, mais pesada que as verdadeiras.

O problema do erro

Deve-se considerar, ainda, o caso em que a problema está mal formulado, como por exemplo, no caso de não existir nenhuma moeda falsa. Se o número de moedas é ímpar, a última da pilha será apontada como falsa, mas se for par, o algoritmo deverá ser aplicado sobre uma pilha vazia e, (passo 2) de onde retirar duas moedas de uma pilha vazia?

Para corrigir essa situação, pode-se introduzir mais uma correção no algoritmo, que fica:

Aplicação:

1. Se a pilha contiver uma única moeda, essa é a falsa e o problema está resolvido (FIM).
2. Se a pilha estiver vazia, indique erro e pare (FIM).
3. Pegue as duas moedas do topo da pilha e coloque uma em cada prato da balança.
4. Se houver desequilíbrio, a moeda falsa é a que está no prato mais pesado e o problema está resolvido (FIM).
5. Descarte as moedas comparadas e aplique o mesmo algoritmo à pilha de moedas, agora reduzida de duas unidades.

Casos patológicos

Chamando de patológicos os casos que não correspondem à descrição do problema, o algoritmo acima trata de forma adequada o caso em que não existe nenhuma moeda falsa, e o número de moedas é par. No caso de existir mais de uma moeda falsa, o algoritmo, em geral, irá indicar a primeira moeda falsa da pilha e dar o problema por resolvido.

Um caso patológico pode ocorrer se duas moedas falsas estiverem em posições adjacentes na pilha, tiverem o mesmo peso e, além disso, tiverem acima de si, na pilha original, um número par de moedas. A aplicação recursiva do algoritmo vai chegar a um ponto onde deve ser aplicado sobre uma pilha em que as duas moedas de seu topo são falsas e de mesmo peso. Havendo equilíbrio da balança nessa comparação, as duas moedas serão interpretadas como verdadeiras.

Voltando ao problema original

O algoritmo proposto não resolve o problema original das nove moedas, pois não garante a identificação da moeda falsa em apenas duas pesagens, como requerido no enunciado, mas foi usado para explorar conceitos importantes como os de generalização, recursividade e, intimamente associado a este último, o problema da parada.

Antes de redirecionar a discussão para a formulação original do problema, será interessante abrir um parêntese para discutir um algoritmo de busca muito eficaz, utilizável em uma classe muito grande de problemas.

Busca de Objetos em Coleções

O problema de busca de um objeto em uma coleção, geralmente, envolve o exame dos objetos da coleção, um a um, até se encontrar o objeto procurado. Se tiver sorte, o objeto procurado é o primeiro examinado e, no cúmulo do azar, o último examinado, exigindo o exame de todos os objetos da coleção. A busca, evidentemente, é interrompida ao ser encontrado o objeto buscado.

O objeto buscado pode ser a chave do carro, e o universo de busca todos os possíveis lugares onde ela pode estar. Os primeiros lugares examinados são aqueles onde habitualmente se deixa a chave do carro, continuando-se a busca até os lugares mais improváveis, como atrás dos móveis ou embaixo do sofá, ou até na lata do Iixo.

A sabedoria popular diz que, nessa situação, o objeto procurado sempre é encontrado no ultimo lugar onde se procura. Essa é realmente uma verdade, isso sempre acontece, pois, uma vez localizado o objeto procurado, não tem sentido continuar a busca, não se procurando em mais nenhum lugar.

Busca sequencial

A busca realizada é dita sequencial, pois os objetos da coleção são examinados sequencialmente, um a um. Se essa busca é completamente cega, isto é, os objetos são examinados em uma sequência aleatória, o número mínimo de objetos examinados é um, quando se tem sucesso na primeira tentativa, e o número máximo é igual ao número de objetos da coleção. Estatisticamente, em média, esse processo de busca exige o exame de uma quantidade de objetos igual à metade do total de objetos na coleção.

No caso da localização da chave do carro, o processo de busca que se segue normalmente não é cego, mas direcionado no sentido de procurar em primeiro lugar nos locais onde a chave é deixada habitualmente, deixando por último o exame dos locais mais improváveis onde ela pode estar. Com isso, o processo de busca é otimizado, pois na maioria dos casos ela é encontrada nos primeiros lugares examinados, quando não é logo no primeiro, onde normalmente é deixada.

O ato de procurar o número de telefone de um amigo em uma agenda telefônica é facilitado se a agenda tem um índice alfabético. Se os nomes são colocados na agenda nas seções correspondentes à sua letra inicial, a busca pode ir direto para essa seção da inicial do nome e, nela, realizar uma busca sequencial. Um possível problema surge quando se anota o telefone de alguns amigos pela letra inicial do primeiro nome e de outros pela inicial do sobrenome, ou quando a Maria está na letra "C", de cabeleireira, e o Manoel na letra "E", de eletricista.

Pesquisa binária

O processo de busca pode ser otimizado se for possível estabelecer uma relação de ordem total entre os objetos da coleção. Uma relação de ordem total é definida por um critério que permite determinar, dados dois objetos quaisquer, qual antecede, nesse critério, o outro. É conveniente explicitar a condição de que não existam dois objetos idênticos na coleção.

A ordem total mais evidente é a definida pela relação "maior que" entre números. Dados dois números quaisquer, diferentes por hipótese, por essa relação é possível determinar qual dos dois é maior que o outro, ordenando-os em ordem crescente, por exemplo. A ordenação quotidianamente mais frequente é a alfabética para nomes e palavras, usada em listas telefônicas e em dicionários, facilitando a localização do item procurado.

Um problema interessante é o seguinte: Dado um dicionário com cerca de mil páginas, é possível localizar a página onde se encontra a acepção de uma determinada palavra, abrindo o dicionário não mais de uma dúzia de vezes? De que maneira?

Se você não sabe como fazer o solicitado, interrompa a leitura ou salte para outro capítulo enquanto pensa em uma resposta ou experimenta estratégias concretas em um dicionário. Se você é um estudante ou um profissional da área de sistemas de informação, pode saltar os parágrafos seguintes.

Estratégia de busca

Abrindo o dicionário em uma página qualquer, é trivial verificar se a palavra procurada está nessa página e, se não estiver, se está em uma página anterior ou posterior a essa.

Abrindo o dicionário no meio, se a palavra procurada estiver lá, a procura termina, pois a busca foi bem-sucedida. Se não, o espaço de busca pode ser reduzido à metade, cerca de 500 páginas, pois a procura deve continuar na metade onde deve estar a palavra, ignorando a outra metade. Graças à ordenação alfabética é elementar deduzir se a palavra procurada está antes ou depois da página examinada.

A segunda abertura do dicionário será na metade desse maço de 500 páginas, e a palavra será localizada ou pode-se descartar metade dessas páginas e continuar a busca na outra metade com 256 páginas.

A terceira abertura reduz o espaço de busca para 128 páginas, a quarta para 64, a quinta para 32, a sexta para 16, a sétima para 8, a oitava para 4, a nona para 2 e a décima, finalmente, para apenas uma página, onde certamente estará a palavra, ou se fará a constatação de que aquele dicionário não contém a palavra procurada.

Problema econômico

Um voo internacional, com 32 pessoas a bordo, chega a um aeroporto com a informação de que uma das pessoas, passageiro ou tripulante, é portador de um vírus extremamente perigoso. O portador do vírus deve ser identificado para ser isolado e tratado, evitando o contágio.

Para realizar os exames, são coletadas amostras de sangue das 32 pessoas. O teste de cada uma dessas amostras identificará o portador do vírus com a realização de um, no caso de extrema sorte, ou 32 exames, no pior caso, com a média de 16. Como resolver o problema, garantindo que o portador será identificado com a realização de apenas cinco exames?

Dispõe-se de um único equipamento para realizar um exame capaz de detectar a presença do vírus, por menor que seja, em uma amostra de sangue, mas esse exame é absurdamente caro e demorado. A pergunta é: existe uma estratégia capaz de identificar o portador do vírus com um número mínimo de exames, objetivando menor tempo e custo da investigação? Pense, com base nas considerações anteriores, antes de prosseguir a leitura.

De volta às nove moedas

Voltando ao problema das nove moedas, o algoritmo ingênuo apresentado efetivamente reduz a dimensão do problema após cada pesagem, mas não com a intensidade suficiente, pois requer, no pior caso, quatro pesagens, o dobro do admitido na formulação original do mesmo.

Podemos tentar trabalhar sobre esse algoritmo, que atinge a solução, mas requer mais de duas pesagens, introduzindo alterações que façam com que a solução continue a ser encontrada, mas que diminua o número de pesagens necessárias.

Esse procedimento é bastante seguido, partir-se de uma solução parcial ou não satisfatória e refiná-la (melhorá-la) até que se chegue a uma solução satisfatória ou, idealmente, uma solução ótima, no sentido de não existir outra solução melhor.

Ganho informacional

No algoritmo ingênuo, cada pesagem identifica a moeda falsa ou diminui de duas unidades a quantidade de moedas suspeitas. Existirá uma maneira de reduzir ainda mais o número de moedas suspeitas após essa primeira pesagem?

Nota: não se pode cogitar de colocar quantidades diferentes de moedas em cada prato da balança, pois, obviamente, não haverá equilíbrio. Questões óbvias como essa normalmente são levadas em conta de forma inconsciente e não explicitadas, mas muitas vezes essa questão deve ser claramente explicitada, pois o que parece óbvio nem sempre o é.

Para ganhar mais informação, que tal colocar duas moedas em cada prato da balança na primeira pesagem? Se houver equilíbrio, o número de moedas suspeitas fica reduzido a cinco em vez de sete, o que é um ganho.

Mas e se não houver equilíbrio na primeira pesagem? Ora, a moeda falsa só pode ser uma das duas que estão no prato mais pesado, e a segunda pesagem disponível pode ser usada para comparar essas duas moedas, resolvendo o problema.

Voltando à hipótese de equilíbrio na primeira pesagem, o problema agora ficou reduzido a identificar a falsa dentre as cinco suspeitas restantes, mas para isso só se dispõe de mais uma pesagem. Comparando novamente duas moedas em cada prato, se houver equilíbrio, a falsa será a quinta que ficou de fora, mas se a balança desequilibrar, a falsa será uma das duas do prato mais pesado, e não se dispõe de mais nenhuma pesagem para identificá-la.

Não foi resolvido o problema, mas, o algoritmo foi melhorado, pois agora na única hipótese de que o problema não seja resolvido em duas pesagens, uma terceira é suficiente. O caminho seguido parece ser promissor e deve ser ampliado.

Colocando três moedas em cada prato, ou a falsa está entre as três restantes, em caso de equilíbrio ou, caso contrário, é uma das três do prato mais pesado. Em qualquer caso o número de moedas suspeitas foi reduzido a três, e dispõe-se da segunda pesagem para identificar qual dessas três é a falsa.

A segunda pesagem então usará uma moeda suspeita em cada prato. Se houver equilíbrio, a falsa é a terceira moeda do grupo suspeito, deixada de fora, senão é a moeda do prato mais pesado. EUREKA!

Raciocínio inverso

O caminho seguido acima partiu do geral para o particular, quebrando o problema original em subproblemas de menor dimensão, designado em inglês como top-down, ou de cima para baixo. O sentido do raciocínio pode ser invertido, partindo-se de detalhes até compor o todo, método designado em inglês como bottom-up, ou de baixo para cima.

O ponto de partida mais elementar é verificar qual o número máximo de moedas dentre as quais podemos, em uma pesagem, identificar qual a falsa, mais pesada, que existe entre elas. Esse número, já determinado acima, é três, e o passo seguinte é determinar, em um número maior de moedas, em qual grupo de três está a falsa.

Assim como uma pesagem é suficiente para determinar qual a falsa dentre três moedas, isto é, qual a mais pesada, se cada moeda for substituída por um grupo de três moedas, também uma pesagem será suficiente para determinar qual dos três grupos é o mais pesado, ou seja, qual o grupo que contém a moeda falsa.

Algoritmo final

O algoritmo final pode ser descrito, formalmente, como:

1. Coloque três moedas em cada prato da balança, deixando as três restantes de fora.
2. Se houver equilíbrio, as três moedas deixadas de fora são suspeitas, senão as suspeitas serão as três moedas que estão no prato mais pesado da balança.
3. Coloque uma moeda suspeita em cada prato da balança, deixando a terceira de fora.
4. Se houver equilíbrio, a falsa é a moeda deixada de fora, senão é a moeda que está no prato mais pesado da balança.

Generalização

Pode-se generalizar o problema para identificar a única falsa, mais pesada, dentre 27 moedas, em somente três pesagens.

Primeira pesagem: colocam-se 9 moedas em cada prato da balança, deixando as 9 restantes de fora, observando o resultado, que identificará em qual grupo de 9 moedas está a falsa. Se houver equilíbrio, a falsa está no grupo de 9 moedas deixadas de fora, senão estará no grupo de 9 moedas do prato mais pesado. Em qualquer caso, o problema ficou reduzido a identificar, com as duas pesagens restantes, qual a falsa de um grupo de 9 moedas.

Segunda pesagem: colocam-se 3 moedas em cada prato da balança, deixando as 3 restantes de fora, observando o resultado, que identificará em qual grupo de 3 moedas está a falsa. Se houver equilíbrio, a falsa está no grupo de 3 moedas deixadas de fora, senão estará no grupo de 3 moedas do prato mais pesado. Em qualquer caso, o problema ficou reduzido a identificar, com a pesagem restante, qual a falsa de um grupo de 3 moedas.

Terceira pesagem: Coloca-se uma moeda em cada prato da balança, deixando o restante de fora, observando o resultado, que identificará qual é a falsa. Se houver equilíbrio, a falsa será a moeda deixada de fora, senão será a moeda do prato mais pesado.

O procedimento pode ser estendido para o problema de 81 moedas e 4 pesagens, iniciando-se com 27 moedas em cada prato, reduzindo-o para 27 moedas e 3 pesagens. De forma semelhante, pode-se identificar a única moeda falsa, mais pesada, em um grupo de 729 moedas, utilizando somente 5 pesagens. Em geral, pode-se identificar uma moeda falsa dentre 3^n moedas em somente n pesagens.

Busca ternária

O algoritmo, que pode ser designado por busca ternária, pode ser aplicado a qualquer problema de busca de um particular indivíduo em uma coleção, quando existe um teste capaz de comparar dois grupos, cada um com igual quantidade de indivíduos, e concluir se o indivíduo buscado está em um dos grupos ou se não está em nenhum dos dois.

O algoritmo pode ser descrito da seguinte forma:

Problema:

Dispõe-se de uma coleção de indivíduos, todos idênticos com exceção de um deles que é diferente dos demais, designado como o objetivo. Dispõe-se de um teste que, aplicado sobre dois grupos, cada um com o mesmo número de indivíduos, é capaz de determinar em qual dos grupos o objetivo está contido ou se não está em nenhum dos dois. Deseja-se identificar o objetivo com o mínimo de aplicações do teste.

Algoritmo:

1. Se a coleção contiver um único indivíduo, ele é o objetivo e o problema está resolvido (FIM).

2. Divide-se a coleção em três grupos de indivíduos, de forma equilibrada, isto é, não pode haver dois grupos com diferença na sua quantidade de indivíduos maior que um.

3. Aplica-se o teste sobre dois grupos com o mesmo número de indivíduos, deixando o terceiro grupo de fora. Deve haver, necessariamente, pelo menos dois grupos, obtidos no passo anterior, com o mesmo número de indivíduos.

4. Se o teste determinar a presença do objetivo em um dos grupos submetidos ao teste, esse grupo passa a ser a nova coleção de indivíduos e o algoritmo é aplicado novamente, senão

5. o grupo deixado de fora passa a ser a nova coleção de indivíduos e o algoritmo é aplicado novamente sobre essa coleção.

Complexidade

No caso da pesquisa binária a dimensão do problema era reduzida à metade após cada passo. Na pesquisa ternária, essa redução é de um terço, um ganho significativo, como evidenciado logo adiante.

Se a identificação da moeda mais pesada segue a estratégia da pesquisa binária, uma pesagem é suficiente para a identificação dentre duas moedas, duas pesagens para a identificação dentre 4 moedas, 3 pesagens para 8 moedas etc.

Generalizando, a dimensão do problema que pode ser resolvido por pesquisa binária em n passos é dada por 2^n, enquanto os mesmos n passos, em uma pesquisa ternária, podem resolver um problema de dimensão 3^n. A diferença é bem grande, pois com $n = 5$, $2^5 = 32$ e $3^5 = 729$; para $n = 10$, $2^{10} = 1024$ e $3^{10} = 59049$.

Os 35 camelos e o homem que calculava

O mais conhecido dos problemas apresentados por Malba Tahan em seu clássico "O homem que calculava" trata da divisão de 35 camelos deixados como herança por seu pai para três herdeiros.

As especificações do testamento estabeleciam que o filho mais velho receberia metade dos camelos, o do meio uma terça parte e o mais moço um nono. Assim, o mais velho receberia 17 camelos e meio, o do meio receberia 11 camelos e dois terços e ao mais moço caberiam 3 camelos e oito nonos.

O homem que calculava, viajando pelo deserto com seu amigo, em um único camelo, interviu na discussão que os herdeiros travavam, oferecendo-se para resolver o problema. Aceita sua ajuda, ele juntou o camelo de seu amigo aos da herança, e procedeu a partilha.

Agora com 36 camelos, o mais velho ficaria com a metade, 18 camelos, o do meio com um terço, ou 12 camelos e o mais moço com 4 camelos, um nono de 36. Cada herdeiro, portanto, recebeu mais do que calculado inicialmente. Mas, feita a partilha, sobrariam dois camelos!

O sábio homem que calculava devolveu o camelo de seu amigo e pediu para ficar com o outro camelo restante para si, como pagamento de seus serviços. Os herdeiros satisfeitos concordaram, e os dois amigos seguiram viagem, cada qual em seu camelo. Como explicar a mágica operação?

Solução do problema econômico

Se o volume de sangue coletado de cada pessoa é suficiente não apenas para um, mas para pelo menos cinco exames, pode-se seguir uma estratégia inspirada na pesquisa binária. Selecionando-se aleatoriamente 16 pessoas, mistura-se um quinto de cada amostra do sangue coletado de cada uma dessas pessoas para a realização do primeiro exame.

Se o exame detectou a presença do vírus, essas 16 pessoas são suspeitas e as 16 deixadas de fora são descartadas, podendo ser imediatamente liberadas. Se não foi detectada a presença do vírus nesse primeiro exame, as 16 pessoas selecionadas podem ser liberadas, pois o portador do vírus deve estar entre as 16 pessoas deixadas de fora. De qualquer maneira, o universo de suspeitos foi reduzido, após um único exame, de 32 para 16, ou seja, à metade.

Continuando o procedimento, selecionando oito pessoas das 16 suspeitas, um segundo exame reduz o universo de suspeitos para oito pessoas, um terceiro exame para quatro, um quarto exame para duas e, finalmente, um quinto exame identifica o portador do vírus.

Evidentemente, o procedimento só conduz à conclusão correta se existir, no grupo de 32 pessoas, uma e somente uma pessoa infectada pelo vírus, como declarado inicialmente.

Capítulo 9 - Mais problemas com moedas

O Problema das Doze Moedas

Dispõe-se de doze moedas, todas idênticas com exceção de uma delas que é falsa, não de sabe se mais pesada ou mais leve que uma moeda verdadeira. Usando novamente uma balança de dois pratos, em somente três pesagens, deve-se identificar a moeda falsa e determinar se ela é mais leve ou mais pesada que uma moeda verdadeira. Interrompa a leitura e tente resolver o problema, este sim bem mais difícil que o anterior.

Diferenças com relação ao problema das nove moedas

O problema afirma a existência de uma única moeda falsa na coleção, mas desta vez não se sabe se ela é mais leve ou mais pesada que uma verdadeira. Como consequência, uma pesagem não é capaz de, trivialmente, indicar em qual prato da balança está a falsa, mas somente que não está em nenhum deles, no caso de equilíbrio.

Assim, se na primeira pesagem colocarmos 6 moedas em cada prato, haverá certamente desequilíbrio, mas não será possível eliminar nenhuma moeda da coleção, como verdadeira.

Usando a experiência adquirida no problema anterior das nove moedas, uma boa pista pode ser comparar, na primeira pesagem, 4 moedas em cada prato da balança, deixando de fora as 4 restantes. Essa escolha parece muito racional e, de fato, leva à solução do problema, como se verá a seguir. Interrompa a leitura e tente resolver o problema.

Equilíbrio na primeira pesagem

Se na primeira pesagem, com 4 moedas em cada prato, houver equilíbrio, as moedas suspeitas de falsidade ficam restritas às 4 deixadas de fora. O problema, agora, é determinar a falsa, nessa coleção de 4 moedas, usando apenas as 2 pesagens restantes. Interrompa a leitura agora e tente identificar a moeda falsa dentre as 4 suspeitas.

Considerado como um problema isolado, determinar dentre 4 moedas uma falsa, que não se sabe se é mais leve ou mais pesada que uma verdadeira, em duas pesagens, é impossível, mas o resultado da primeira pesagem forneceu uma informação que é crucial e indispensável para a solução do problema: as 8 moedas comparadas na primeira pesagem são todas verdadeiras, idênticas, e podem ser usadas nas pesagens restantes. Interrompa a leitura agora, com a nova informação, e tente identificar a moeda falsa dentre as 4 suspeitas.

A segunda pesagem pode ser feita colocando agora duas moedas suspeitas em um prato da balança e, no outro, uma suspeita e uma verdadeira, tiradas das oito já identificadas como verdadeiras, deixando a quarta suspeita de fora.

Se houver equilíbrio nessa segunda pesagem, a moeda falsa é a quarta suspeita, deixada de fora, e a terceira pesagem pode ser usada para compará-la com uma verdadeira qualquer para determinar se é mais leve ou mais pesada.

Se não houver equilíbrio na segunda pesagem, a suspeita deixada de fora é identificada como verdadeira e deve-se comparar, na terceira pesagem, as duas moedas suspeitas colocadas no mesmo prato na segunda pesagem. Se houver equilíbrio, a suspeita colocada anteriormente no outro prato, junto com a verdadeira, é a falsa, restando determinar se é mais leve ou mais pesada. Se o prato onde ela estava na segunda pesagem foi mais leve, ela é mais leve, senão, é mais pesada.

Havendo desequilíbrio nesta terceira pesagem, a falsa será a que está no prato que desequilibrou no mesmo sentido do prato onde estavam as duas suspeitas na segunda pesagem, sendo mais leve ou mais pesada segundo esse prato foi mais leve ou mais pesado. Interrompa a leitura agora e tente resolver o problema no caso de desequilíbrio na primeira pesagem.

Desequilíbrio na primeira pesagem

No caso de desequilíbrio na primeira pesagem, com 4 moedas em cada prato, identificamos 4 moedas verdadeiras, as que ficaram de fora, restando 8 suspeitas. Precisamos identificar a falsa dentre essas 8, usando as duas pesagens restantes. A tarefa não é fácil sem a utilização da informação obtida na primeira pesagem.

Essa informação é: Se a moeda falsa está no prato mais leve, ela será mais leve, e será mais pesada se estiver no outro prato. Sendo mais direto, a moeda falsa não pode estar no prato mais leve em uma pesagem e no mais pesado em outra ou, dito de outra forma, se a moeda falsa é mais leve, ela não pode nunca estar no prato mais pesado em uma pesagem qualquer, e se é mais pesada, jamais pode estar no prato mais leve em qualquer pesagem.

Para facilitar o raciocínio, vamos designar como L1, L2, L3 e L4 as quatro moedas que estavam no prato mais leve na primeira pesagem, as suspeitas leves, por P1, P2, P3 e P4 as quatro moedas que estavam no prato mais pesado, as suspeitas pesadas, e por V, indiferentemente, qualquer das moedas do grupo deixado de fora na primeira pesagem, por verdadeiras. Interrompa a leitura agora e, com essas dicas, tente concluir a solução do problema.

A segunda pesagem pode ser feita colocando, por exemplo, em um prato as moedas P1, P2 e L1 e, no outro, P3, P4 e L2. Se houver equilíbrio, a falsa será L3 ou L4, e a terceira pesagem pode comparar uma delas com uma verdadeira, identificando a falsa que, já se sabe, é mais leve, ou comparar diretamente L3 e L4, sendo a falsa a mais leve delas.

Se houver desequilíbrio, pode-se eliminar as duas suspeitas pesadas do prato mais leve e a suspeita leve do prato mais pesado, ficando-se com duas suspeitas pesadas e uma suspeita leve. O desequilíbrio confirma L3 e L4, deixadas de fora nessa pesagem, como verdadeiras. A terceira pesagem compara as duas suspeitas pesadas e, se houver equilíbrio a falsa é a suspeita leve, senão a mais pesada das duas suspeitas comparadas será a falsa.

Extensão e generalização

Uma extensão muito interessante do problema das 12 moedas é se é possível, também em 3 pesagens, identificar a falsa dentre 13 moedas, verificando se é mais leve ou mais pesada que uma moeda verdadeira, dispondo-se de uma décima quarta moeda, reconhecida como verdadeira.

Essa extensão é muito interessante, permitindo uma generalização que consiste em determinar qual a falsa e se é mais leve ou mais pesada que uma verdadeira, em *n* pesagens, dentre $\frac{1}{2}(3^n-1)$ moedas, dispondo-se de uma moeda adicional verdadeira, ou seja, 3 pesagens para 13 moedas, 4 pesagens para 40 moedas, 5 pesagens para 121 moedas etc.

Pense nos problemas antes de ler as soluções.

As treze moedas

O problema das 13 moedas pode ser resolvido com a experiência adquirida na solução do problema das 12 moedas, sendo absolutamente necessária a disponibilidade da moeda adicional sabidamente verdadeira.

Coloca-se em um prato da balança 5 moedas suspeitas e, no outro, 4 moedas suspeitas mais a sabidamente verdadeira. Se houver equilíbrio, resta o problema de identificar a falsa dentre as 4 moedas deixadas de fora nessa primeira pesagem, o que pode ser resolvido como no problema das 12 moedas.

Havendo desequilíbrio nessa primeira pesagem, segue-se o mesmo procedimento do problema das 12 moedas, tendo-se deixado de fora mais uma moeda suspeita, das que estavam no prato com as cinco suspeitas e a moeda verdadeira do outro prato, mas sabendo-se que, se falsa, é mais leve ou mais pesada que uma verdadeira.

Na segunda pesagem, deve-se usar quatro moedas do prato que tinha cinco duvidosas, deixando de fora duas moedas do outro prato e a quinta do primeiro, que desequilibraram de forma diferente.

Se houver equilíbrio na segunda pesagem, as deixadas de fora que desequilibraram no mesmo sentido podem ser comparadas e, se equilibrarem, a falsa será a outra deixada de fora.

Solução da generalização

A generalização do problema pode ser formulada da seguinte maneira: Em *n* pesagens, determinar, dentre $\frac{1}{2}(3^n-1)$ moedas duvidosas, qual a única falsa, com peso diferente das verdadeiras, e ainda se ela é mais leve ou mais pesada que uma moeda verdadeira, dispondo ainda de uma moeda adicional verdadeira. Todas as moedas verdadeiras têm pesos idênticos.

Algumas constatações preliminares devem ser estabelecidas: 3^n é ímpar, então 3^n-1 é par, consequentemente, $\frac{1}{2}(3^n-1)$ é um número inteiro. Além disso, 3^n mod $3 = 0$, isto é, o resto da divisão de 3^n por 3 dá resto zero, então (3^n-1) mod $3 = 2$ e $\frac{1}{2}(3^n-1)$ mod 3 deve ser igual a 1 ou 2,5, mas como só pode ser inteiro, deve-se ter $\frac{1}{2}(3^n-1)$ mod $3 = 1$, isto é, dividindo por 3 as moedas duvidosas, sempre restará uma.

Designando por *k* o quociente inteiro das moedas duvidosas por 3, pode-se escrever

$$\frac{1}{2}(3^n-1) = 3k+1$$

donde se deriva que

$$3k = ½(3^n\text{-}1)\text{-}1 = ½(3^n\text{-}3)$$

e dividindo por 3 chega-se a

$$k = ½(3^{n-1}\text{-}1)$$

Esse resultado é importante.

Na primeira pesagem coloca-se k+1 moedas em um prato e k moedas mais a verdadeira no outro prato, deixando k moedas de fora. Se houver equilíbrio, o problema agora é identificar a falsa, em n-1 pesagens, dentre k moedas suspeitas, mas como $k = ½(3^{n-1}\text{-}1)$, o problema é o mesmo original, com uma quantidade menor de moedas, podendo ser tratado da mesma maneira.

Enquanto houver equilíbrio nas pesagens sucessivas, a quantidade de moedas suspeitas vai sendo reduzida, até chegar a quatro moedas, para identificar a falsa em duas pesagens. O problema pode ser facilmente resolvido, colocando duas moedas suspeitas em um prato da balança, uma suspeita e uma verdadeira no outro, deixando a quarta suspeita de fora. Se houver equilíbrio, a última pesagem será usada para comparar a moeda deixada de fora, já identificada como a falsa, com uma verdadeira, verificando se é mais leve ou mais pesada.

Se houver desequilíbrio na pesagem anterior, a última pesagem compara as duas moedas suspeitas que estavam no mesmo prato, indicando a falsa dentre elas, no caso de desequilíbrio, ou a suspeita que estava no outro prato, se houver equilíbrio.

No caso se haver desequilíbrio na sequência de pesagens, fica-se com k+1 moedas suspeitas de um dos pratos, mas sabendo-se que se a falsa estiver entre elas será mais leve ou mais pesada que uma moeda verdadeira, e k moedas suspeitas do outro prato, também sabendo que se a falsa estiver entre elas será mais pesada ou mais leve que uma moeda verdadeira. A identificação deve ser feita, agora, em n-1 pesagens.

Pela simetria da situação, vamos supor que temos k+1 suspeitas leves e k suspeitas pesadas. Designando por $x = {}^{1}/_{3}(k\text{-}1)$ ou, equivalentemente, $k = 3x+1$, na pesagem seguinte divide-se as moedas suspeitas da seguinte forma:

- Coloca-se x+1 moedas suspeitas leves em cada prato da balança, deixando x suspeitas leves de fora.
- Coloca-se x suspeitas pesadas em cada prato, deixando x+1 suspeitas pesadas de fora.

Se houver desequilíbrio, pode-se eliminar as x+1 suspeitas leves do prato mais pesado e as x suspeitas pesadas do prato mais leve, ficando com x+1 suspeitas leves e x suspeitas pesadas. Se houver equilíbrio, fica-se com as suspeitas deixadas de fora, x suspeitas leves e x+1 suspeitas pesadas.

O procedimento é repetido até se chegar a três moedas suspeitas, duas de serem, por exemplo, leves, e a outra pesada, com solução trivial usando a última pesagem disponível.

Por exemplo, para identificar a falsa, dentre 364 moedas, em seis pesagens, havendo desequilíbrio na primeira, fica-se com as suspeitas 122X e 121Y, onde X e Y representam leve e pesada ou vice-versa, restando cinco pesagens. Na segunda pesagem, fica-se com 41 e 40 suspeitas opostas, na terceira com 14 e 13, na quarta com 5 e 4, na quinta com duas e uma, resolvendo-se o problema na sexta pesagem.

É deixado como um exercício para o leitor estabelecer o procedimento quando o número de moedas é menor que $\frac{1}{2}(3^n\text{-}1)$, por exemplo, identificar a falsa, dentre 300 moedas suspeitas (mais uma verdadeira), em seis pesagens.

Capítulo 10 - Espaço e tempo

Cruzamento de carros

Um carro sai do Rio de Janeiro para São Paulo, em velocidade constante de 60 Km/h, enquanto outro sai de São Paulo para o Rio de Janeiro, em velocidade, também constante, de 40 Km/h. A história é antiga, as estradas eram piores e os carros mais limitados. Qual a distância entre eles uma hora antes de se cruzarem?

Bote caído no rio

Dois navios idênticos partem simultaneamente de um atracadouro na margem de um rio, o navio A subindo e o navio B descendo o rio, ambos com a mesma força motriz. No instante da partida, um bote salva-vidas cai do navio A e fica flutuando no rio.

Uma hora depois, os dois navios recebem instruções para inverter seus cursos. Qual dos navios encontrará primeiro o bote salva-vidas que caiu?

Navio e avião

Um navio zarpa de um porto, em linha reta. Quando o navio está a 180 Km do porto, parte um avião para levar até ele uma encomenda deixada para trás. Se a velocidade do avião é dez vezes maior que a do navio, a que distância do porto o avião alcançará o navio?

Cruzamento de navios

Todos os dias, ao meio-dia, um navio parte de Recife para Lisboa, e no mesmo instante outro navio parte de Lisboa para Recife. A viagem dura sete dias e sete noites. Durante sua travessia, um determinado navio que sai de Recife cruzará com quantos navios que fazem a rota inversa? Será muito interessante explorar a solução de forma gráfica.

Antecipação de chegadas

Todos os dias, à mesma hora, um moto boy sai do escritório e vai até o aeroporto, chegando junto com o avião que transporta o malote da empresa. O moto boy pega o malote e retorna para o escritório.

Em um determinado dia o avião antecipa sua chegada, e o malote é despachado de bicicleta para o escritório da empresa. Meia hora após sua partida, o ciclista encontra o moto boy, que pega o malote e retorna ao escritório, chegando lá vinte minutos antes da hora habitual. Quanto tempo o avião chegou antes de sua hora normal de chegada?

Em outra situação, um engenheiro diariamente pega um trem para o trabalho que chega à estação às 8:30, no mesmo instante em que chega o carro da empresa para levá-lo ao escritório. Em um determinado dia ele pega um trem que chega às 7:00 horas, e resolve andar em direção ao escritório.

O carro da empresa encontra o engenheiro no caminho e retorna ao escritório, chegando dez minutos antes da hora habitual. A que horas ocorreu o encontro?

Velocidade dos trens

Um trem parte da cidade A para a cidade B e no mesmo instante outro trem parte da cidade B para a cidade A. Os dois trens se deslocam a velocidades constantes, embora diferentes, e seguem vias paralelas.

Após cruzar um pelo outro, o primeiro leva ainda quatro horas para chegar a seu destino, enquanto o segundo chega a seu destino em apenas mais uma hora. Com esses dados, determine qual o mais rápido dos dois e, se possível, qual a relação de suas velocidades.

A ponte de corda

Quatro escoteiros, em uma caminhada noturna, devem atravessar uma frágil ponte de corda sobre um rio. A fragilidade da ponte não suporta mais de duas pessoas atravessando ao mesmo tempo, e pela escuridão da noite a travessia deve ser iluminada pela única lanterna disponível.

Um dos escoteiros pode atravessar a ponte em um minuto, outro em dois minutos, o terceiro em cinco minutos e o último em dez minutos. O tempo de travessia de uma dupla é determinado pelo mais lento deles, e a lanterna deve ser levada de volta para a travessia da dupla seguinte.

Se o mais rápido sempre leva a lanterna de volta, nas três idas, com cada um dos companheiros, leva 17 minutos (2+5+10), que somados às duas voltas resulta em 19 minutos para a travessia completa. É possível uma estratégia para efetuar a travessia completa em 17 minutos?

Missão aérea

Um planeta distante tem sua superfície coberta de água, com exceção de uma ilha situada sobre seu equador. Na ilha existe um aeroporto e uma esquadrilha de aviões idênticos.

Um piloto recebe a missão de voar em torno do planeta, ao longo do equador, mas cada avião só pode carregar combustível suficiente para metade do caminho. Os aviões voam à mesma velocidade, podem ser abastecidos em voo, e um avião pode transferir para outro qualquer quantidade de combustível de seu tanque, instantaneamente.

Um avião também pode pousar, abastecer e decolar em um tempo desprezível. Qual o número mínimo de aviões que precisam ser usados para cumprir a missão, e como?

Bate e volta

Um casal resolve ir de Florianópolis a Brusque, para comprar malhas, estabelecendo como objetivo obter, na ida e volta, uma velocidade média de 80 Km/h. Chegando a Brusque, verificam que, devido a problemas encontrados na estrada, sua velocidade média na ida foi de apenas 40 Km/h. A que velocidade eles devem retornar a Florianópolis para que a velocidade média, de ida e volta, seja igual à planejada de 80 Km/h?

Voo de ida e volta

Um voo, entre Porto Alegre e Florianópolis, sem vento, leva 50 minutos. Com vento a favor o tempo de voo é menor, e com vento contra, maior. Supondo o mesmo vento na ida e na volta, o tempo total de voo, ida e volta, será o mesmo, maior ou menor que na ausência de vento? Suponha que o avião sempre voa à mesma velocidade em relação ao ar.

Cruzamento de ônibus

Um ônibus parte de São Paulo e segue pela via Dutra, em direção ao Rio de Janeiro. Uma hora depois, outro ônibus parte do Rio de Janeiro, seguindo para São Paulo pela mesma via Dutra. Os dois ônibus trafegam sempre na mesma velocidade constante. Quando os dois ônibus se cruzam na estrada, qual deles estará mais próximo de São Paulo?

Tente resolver todos os problemas antes de ver as soluções.

Solução dos carros cruzando

Em uma hora, um carro andou 60 Km e o outro 40 Km até se cruzarem, isto é, uma hora antes eles estavam a 100 Km de distância um do outro.

Solução do encontro do bote

O problema exige algumas inferências e a escolha adequada do sistema de referência. Os dois navios, um subindo e outro descendo a corrente do rio, tinham velocidades diferentes em relação à sua margem, mas em relação à água do rio, sendo idênticos e com a mesma força motriz, tinham a mesma velocidade. O bote que caiu no rio, em relação à margem, desceu, mas em relação ao rio, sem qualquer força motriz, permaneceu estático.

Ao inverter seus cursos, na hora seguinte os navios percorreram a mesma distância que tinham percorrido na hora anterior, em relação ao rio, encontrando-se no mesmo ponto em que estava o bote salva-vidas, estático em relação ao rio.

Este problema é muito interessante e sua solução sempre aceita na suposição que o rio flui à mesma velocidade nos trajetos seguidos pelos navios. Mas e se a velocidade superficial da água do rio não for constante ao longo de seu leito, podendo ter valores diferentes em diferentes pontos do seu curso?

Submeta o problema a seus conhecidos, físicos e engenheiros, e divirta-se com as discussões resultantes.

Solução do encontro do avião com o navio

Um equacionamento algébrico simples resolve o problema, mas devido aos números fica fácil perceber que após o navio percorrer mais 20 Km em um determinado intervalo de tempo, estará a 200 Km do porto, exatamente a distância que o avião deve percorrer, no mesmo intervalo de tempo, voando a velocidade dez vezes a do navio. O encontro, portanto, deu-se a 200 Km do porto de partida.

Solução dos navios que se cruzam

Para facilitar o raciocínio, vamos supor que todos os navios têm velocidade constante, embora essa suposição não altere o resultado final. O navio que sai ao meio-dia no dia que chamaremos 1, cruzará, à meia-noite, com o navio que chegará no porto ao meio-dia do dia 2. Ao meio-dia do dia 2 ele cruzará com o navio que chegará no dia 3, à meia-noite do dia 2, com o navio que chegará no dia 4 e assim por diante, isto é, ele cruzará com um navio em sentido contrário a cada 12 horas.

Durante seu trajeto, o navio cruzará, então, com 13 navios em alto mar. Contando com os dois navios com que ele cruza no porto, ao partir e ao chegar, chega-se ao total de 15 navios encontrados durante a travessia.

Solução das chegadas antecipadas

O moto boy economizou 20 minutos em seu trajeto normal, tempo necessário para ir do ponto de encontro com o ciclista ao aeroporto e voltar ao mesmo ponto. Aos dez minutos que ele economizou na volta ao escritório devem-se somar os 30 minutos que o ciclista levou para chegar ao ponto de encontro, resultando em uma antecipação da chegada do avião de 40 minutos.

No caso do engenheiro, o carro da empresa economizou 10 minutos. Os 5 minutos economizados na volta levam à conclusão que ele pegou o engenheiro 5 minutos antes da hora habitual, isto é, às 8:25. O engenheiro devia gostar de caminhar, pois andou uma hora e 25 minutos.

Solução do trem mais rápido

A solução simples pode ser obtida por inspeção, mas uma formulação algébrica rigorosa é igualmente simples. A distância percorrida por um objeto em velocidade constante, em um determinado tempo, é dada pelo produto de sua velocidade por esse tempo.

Tendo partido ao mesmo tempo, os trens se cruzaram após um tempo x e, chamando v_1 a velocidade do primeiro e v_2 a do segundo, podendo-se escrever as igualdades $x.v_1=1.v_2$, isto é, a distância da cidade A até o ponto de cruzamento foi percorrida pelo primeiro trem em x horas e pelo segundo trem em uma hora. Da mesma forma, considerando que a distância do ponto de cruzamento até a cidade B foi percorrida pelo primeiro trem em quatro horas e pelo segundo em x horas, pode-se escrever $4.v_1=x.v_2$.

Substituindo v_2 da segunda equação pelo valor obtido da primeira, fica-se com $4.v_1=x^2.v_1$ ou $4=x^2$ ou $x=2$, isto é, os trens se encontraram duas horas após a partida. Dessa constatação verifica-se que o primeiro trem levou seis horas (2+4) para fazer o trajeto, enquanto o segundo, mais rápido, fez o mesmo trajeto, no sentido contrário, em apenas três horas (2+1). Pode-se, ainda, concluir que a velocidade do segundo trem é o dobro da velocidade do primeiro.

Solução da ponte de corda

Os dois mais lentos podem atravessar a ponte em dez minutos, mas seria bom que a lanterna fosse retornada por alguém mais rápido. Isso pode ser arranjado se os dois mais rápidos fizerem a primeira travessia, retornando um deles com a lanterna. A segunda travessia é feita pelos mais lentos e a lanterna retornada pelo mais rápido que ficou após a primeira travessia, e finalmente os dois mais rápidos atravessam novamente, completando a travessia em 17 minutos.

Os dois mais lentos atravessam a ponte uma vez, em 10 minutos, os mais rápidos atravessam duas vezes, cada uma delas em 2 minutos, e cada um deles retorna uma vez, um deles em 2 minutos e o outro em 1 minuto.

Solução da missão aérea

A primeira consideração deve ser de que o avião que cumprirá a missão deve receber combustível no caminho, e que os aviões que transferem combustível devem ainda manter combustível suficiente para retornar em segurança para o aeroporto, sem cair na água.

Outra constatação é da impossibilidade de se ter, na metade do caminho, um avião com o tanque de combustível cheio, pois nenhum avião poderia transferir combustível nesse ponto e ainda voar até o aeroporto. Com essas dicas, tente achar uma solução para o problema, antes de ler o resto.

Para facilitar a descrição da solução, vamos dividir a circunferência do planeta em oito segmentos. Cada segmento poderá ser percorrido por um avião com um quarto de seu tanque de combustível. O avião da missão, partindo de tanque cheio, após voar os dois primeiros segmentos ficará com meio tanque. Se completar seu tanque, ele poderá voar mais quatro segmentos, ficando sem combustível para voar os dois segmentos que faltam. Se ele puder receber meio tanque de combustível, a missão poderá ser completada.

Com essas considerações, tente achar uma solução antes de prosseguir na leitura.

Para receber meio tanque de combustível no final do segmento dois, deixando em cada avião auxiliar meio tanque necessário para retornar ao aeroporto, serão necessários dois aviões auxiliares, cada um com três quartos de tanque, transferindo um quarto para o avião da missão e ficando com meio tanque para a volta.

Para que os dois aviões auxiliares cheguem ao final do segundo segmento com três quartos de tanque, deve sair junto com eles um terceiro avião auxiliar, que no fim do primeiro segmento completa o tanque dos dois e retorna com o quarto de tanque restante.

No final do sexto segmento o avião da missão encontra dois aviões auxiliares, que voaram no sentido contrário, cada um com três quartos de tanque, cada um transfere um quarto de tanque para o avião concluir a missão, e retornam com o meio tanque restante. Na ida para o abastecimento, cada avião auxiliar, após percorrer o oitavo segmento, recebe do terceiro avião auxiliar que decolou junto com eles, um quarto de tanque, e o terceiro avião retorna com o quarto de tanque restante.

Como todos os aviões voam à mesma velocidade, os mesmos três aviões auxiliares estarão de volta ao aeroporto na mesma hora em que precisam decolar para os reabastecimentos na parte final da missão, então são necessários somente quatro aviões.

Foi fundamental para a solução do problema, utilizar aviões de reabastecimento voando no sentido contrário, após o avião da missão completar meia volta em torno do planeta. Essa situação é bastante comum em problemas reais, dificultando a solução do problema pela não consideração de procedimentos alternativos, não claramente explícitos em seu enunciado.

Solução do bate e volta

Não tem solução. Não importa a distância entre Florianópolis e Brusque. Na ida eles levaram a metade da velocidade média planejada, o dobro do tempo previsto, que devia ser o tempo para ir e voltar. Para manter a velocidade média programada, a volta deve ser feita em um tempo zero, isto é, a uma velocidade infinita, o que é impossível.

Tempo de voo de ida e volta

De fato, a velocidade do avião em relação a terra, com vento a favor, é maior na mesma proporção em que é menor com vento contra, mas o avião voa menos tempo com vento a favor que com vento contra, para cobrir a mesma distância, portanto, o tempo total de ida e volta, com vento, é maior que sem vento, pois o avião voa mais tempo em menor velocidade em relação à terra.

No limite, se o vento contra é igual à velocidade do avião, em relação ao ar, ele não se desloca, ficando parado em relação a terra.

Cruzamento na via Dutra

Quando os ônibus se cruzam na estrada estarão, evidentemente, à mesma distância de São Paulo.

Capítulo 11 - Física e geometria

Escada do navio

Um navio ancorado em uma calma baía tem uma escada de corda descendo de seu costado, com seu último degrau tocando a água. Os degraus da escada estão a uma distância de 30 centímetros um do outro. Nesse instante, a maré começa a subir, a uma velocidade constante de 20 centímetros por hora. Quanto tempo levará para que a água cubra os dois últimos degraus da escada?

Caixa com esferas

Uma caixa cúbica contém 27 esferas, em 3 camadas de 9 esferas cada. As esferas são as maiores possíveis para caber na caixa, isto é, elas se tocam e tocam as paredes da caixa. Uma outra caixa, de mesmas dimensões, contém 64 esferas, do mesmo material, em 4 camadas de 16 esferas cada, nas mesmas condições. Deseja-se saber qual das caixas é a mais pesada.

Volume da garrafa

Uma garrafa tampada, com formato irregular, está parcialmente cheia com um líquido. Sem dispor de dispositivos sofisticados de medida e sem fazer cálculos complicados, é possível determinar se o líquido contido na garrafa ocupa mais ou menos da metade de sua capacidade?

Água e vinho

Dois baldes contêm, um dez litros de vinho e outro dez litros de água. Com uma caneca, você retira um litro de vinho do primeiro balde e despeja no segundo, misturando com a água. A seguir, você retira um litro da mistura de vinho e água do segundo balde e despeja no primeiro, também misturando.

Agora, existem dez litros de uma mistura de água e vinho em cada balde. A pergunta é: existe mais água no balde de vinho ou mais vinho no balde de água?

Dois pavios

Você dispõe de dois pavios que se acesos em uma extremidade, levam exatamente uma hora para queimar, mas a queima não é uniforme, isto é, a metade de um pavio pode queimar em dez minutos e a outra metade em cinquenta. Dispondo de um isqueiro, como pode ser medido um período de 45 minutos com os pavios?

Qual o interruptor?

Você está em uma sala com quatro interruptores, um dos quais controla uma lâmpada incandescente sobre uma mesa em outra sala. Da sala onde estão os interruptores você não pode ver se a lâmpada na outra sala está acesa ou apagada. Você pode manejar os interruptores à vontade, mas ir uma única vez à sala onde está a lâmpada para identificar o interruptor que a controla. Como proceder?

Torradas no café da manhã

Para tostar duas fatias de pão dos dois lados para o café da manhã, o casal usa uma velha torradeira que tosta um lado de duas fatias de pão, em um minuto. As fatias são então viradas, levando mais um minuto para tostar o outro lado.

Em uma manhã, o marido pediu para tostar três fatias, ao que a esposa disse que levaria, então, quatro minutos. O marido então contestou que poderia ser feito em três minutos. Como fazer?

Divisão dos pães

Dois viajantes pararam em um oásis para comer alguma coisa. O primeiro tinha cinco pães e o segundo três. Aí chegou um terceiro viajante que não tinha nada para comer, sendo então convidado para compartilhar, igualmente, os oito pães com eles. Comidos os pães, o convidado deixou, em agradecimento, oito moedas e seguiu.

O primeiro viajante queria ficar com cinco moedas e dar três para o segundo, na mesma proporção dos pães compartilhados, mas o segundo insistia em que as oito moedas deviam ser repartidas em partes iguais, quatro para cada um. Chegando ao oásis e tomando conhecimento da discussão, o homem que calculava disse que o primeiro devia ficar com sete moedas e dar uma ao segundo. Qual foi seu argumento?

Quatro litros de vinho

Um comprador chega em uma adega, com um jarro de cinco litros, para comprar quatro litros de vinho, mas o dono da adega só dispõe de um jarro de três litros para medir a quantidade solicitada. Como medir os quatro litros requeridos?

Dividir 180 em 40 + 140

Você dispõe de uma balança de dois pratos e dois pesos, de um e de quatro quilos, e precisa dividir um saco com 180 quilos de feijão em duas partes, com 40 e 140 quilos. Como fazer em três pesagens?

Três litros de vinho

Um comerciante tem dois recipientes com capacidade de dez litros cada um, completamente cheios de vinho. Chegam dois clientes, cada um com uma caneca, uma de cinco litros e a outra de quatro litros de capacidade. O problema é que cada um deseja levar em sua caneca exatamente três litros de vinho.

Como satisfazer os clientes, sem qualquer desperdício de vinho?

Três litros em cada caneca

O problema tem variações em relação aos clássicos. A primeira, que dificulta sua solução é que são disponíveis somente duas canecas, cada uma das quais deve conter três litros de vinho. A colocar três litros em uma caneca, ela não fica mais disponível para outras operações.

A segunda variação é que o vinho está distribuído em dois recipientes, completamente cheios. Então, se faltar um litro para completar esse recipiente, pode-se encher a caneca de quatro litros do outro recipiente e, completando o primeiro, sobrarão três litros nessa caneca.

Da mesma forma, se faltar dois litros em um recipiente, pode-se encher a caneca de cinco litros do outro e, completando o primeiro, ficar com três litros na caneca.

Outra forma de obter três litros é encher a caneca de quatro litros, transferir para a de cinco litros, encher novamente a caneca de quatro litros e completar a de cinco litros, sobrando então três litros na caneca de quatro litros.

Com essas dicas, procure resolver o problema.

Cara e coroa

Sobre uma mesa estão 50 moedas, aleatoriamente mostrando cara ou coroa. Você está vendado e não consegue distinguir pelo tato se uma moeda está mostrando cara ou coroa. Você é informado de quantas das 50 moedas estão mostrando cara, pelo menos uma, mas não todas, e solicitado a separar as moedas em dois grupos de forma que em cada grupo exista o mesmo número de moedas mostrando cara. Você pode inverter a posição de quantas moedas quiser. Como realizar a operação?

A barra de prata

Um negociante de prata, sem dinheiro para pagar adiantado, como contratado, o aluguel de março de seu apartamento, combinou com o proprietário que lhe daria diariamente, em garantia, uma quantidade de prata equivalente a um dia de aluguel. Para isso, dispõe de uma barra de prata de 31 centímetros, de valor igual aos 31 dias de aluguel do mês de março.

Para tanto, a barra de prata seria dividida em pedaços para cumprir a obrigação diária. Pela combinação era possível, no terceiro dia, por exemplo, ele passar ao proprietário um pedaço de 3 cm da barra, recebendo de volta os 2 cm da barra já em poder do proprietário.

Qual o menor número de pedaços da barra em que pode ser dividida a barra de prata, e quais seus tamanhos, para que o inquilino possa cumprir seu trato com o proprietário?

Solução da escada do navio

Embora possa parecer, não é uma "pegadinha". Ao subir a maré, o navio sobe com ela, levando a escada, que permanece sempre com seu último degrau tocando a água.

Esferas na caixa

O peso de cada esfera é proporcional ao cubo de seu diâmetro. O diâmetro de cada esfera menor é ¾ do de uma esfera maior, portanto, seu volume será 27/64 de uma esfera maior. O volume das 27 esferas maiores é então exatamente igual ao volume das 64 esferas menores, e como são do mesmo material, têm o mesmo peso.

Outra linha de raciocínio, mais matemática, é de que a relação entre o volume de uma esfera e o cubo circunscrito nessa esfera é constante, não importando em quantos cubos menores a caixa é dividida, com uma esfera inscrita em cada um deles, o volume das esferas será sempre o mesmo.

Solução da garrafa

Marque a altura do líquido na garrafa, uma indicação da parcela de seu volume ocupada pelo líquido. Inverta a garrafa e marque a altura do líquido, uma indicação da parcela vazia de seu volume. Comparando as duas alturas é fácil determinar se a garrafa contém mais líquido ou espaço vazio.

Solução da quantidade de água e vinho

Não é necessário qualquer cálculo numérico, pois o que falta de vinho no primeiro balde, completado com água, deve estar no segundo balde, isto é, as quantidades são iguais.

Solução dos 45 minutos com os pavios

Inicie a contagem do tempo acendendo as duas pontas do primeiro pavio e uma ponta do segundo. O primeiro será consumido em meia hora, restando, a partir desse instante, ainda meia hora de queima para o segundo. Nesse instante, acenda a outra ponta do segundo pavio, que será consumido em mais 15 minutos, completando a marcação dos 45 minutos.

Solução da identificação do interruptor

As inferências necessárias são que uma lâmpada incandescente produz muito mais calor que luz, e que a lâmpada, estando sobre uma mesa, pode ser tocada. Assim, chamando os interruptores de A, B, C e D, ligue, por algum tempo, os interruptores A e B. A seguir, desligue o interruptor A, ligue o interruptor C e siga para a outra sala. Se a lâmpada estiver apagada e quente, é controlada pelo interruptor A, se estiver acesa e quente, é controlada pelo interruptor B, se estiver acesa e fria, pelo interruptor C e, finalmente, se a lâmpada estiver apagada e fria, deve ser controlada pelo interruptor D.

Três torradas em três minutos

É simples. No primeiro minuto toste um lado das duas primeiras fatias de pão. Vire a primeira fatia e substitua a segunda pela terceira. Em mais um minuto, então, a primeira fatia fica pronta e as outras duas tostadas só de um lado. Use agora o terceiro minuto para tostar o outro lado dessas duas fatias.

Recompensa pela divisão dos pães

O homem que calculava considerou que, se a divisão foi equitativa, cada um comeu oito terços de pão. Então, o convidado comeu sete dos quinze terços de pão do primeiro e um terço dos nove terços de pão do segundo. Por consequência, deveria pagar sete moedas para o primeiro e uma para o segundo. Parece justo?

Final dos três litros em cada caneca

Conseguindo três litros de vinho em uma das canecas, faltando três litros para completar um recipiente não resolve o problema, mas se em um recipiente faltar dois litros e um em outro, o problema está resolvido. Chamando de A e B os recipientes e de 5 e 4 as canecas, a quantidade de um litro poderia ser conseguida enchendo a caneca 5 do recipiente A, passando para a caneca 4, que devolveria seu conteúdo para o recipiente A, restando um litro na caneca 5 e faltando um litro para encher o recipiente A.

Se percebeu a dica, complete a solução.

Agora, a caneca 4 é enchida do recipiente B, passado seu conteúdo para a caneca 5, enchido novamente a caneca 4 do recipiente B, completada a caneca 5, restando três litros na caneca 4.

	A	B	5	4
	10	10	0	0
1	5	10	5	0
2	5	10	1	4
3	9	10	1	0
4	9	6	1	4
5	9	7	0	4
6	9	7	4	0
7	9	3	4	4
8	9	3	5	3
9	9	8	0	3
10	4	8	5	3
11	4	10	3	3

Devolvendo o conteúdo da caneca 5 para o recipiente B, ele fica com oito litros. Enchendo a caneca 5 do recipiente A e, dela, completando o recipiente B, sobrarão três litros na caneca 5, completando o problema.

Note que não importam as capacidades dos recipientes A e B, e sim que estão completamente cheios. O quadro apresentado detalha os passos seguidos.

Medida dos quatro litros de vinho

Dentre as diversas operações, uma poderia encher o jarro de 5 litros, passar para o jarro de 3 litros, sobrando 2 litros no jarro de 5 litros. A seguir, esvaziar o jarro de 3 litros e passar os 2 litros do jarro de 5 litros para o de 3 litros. Enchendo o jarro de 5 litros e, deste, completando o jarro de 3 litros, que já tinha 2 litros, restam os 4 litros requeridos no jarro de 5 litros.

Divisão do feijão

Na primeira pesagem, os 180 quilos são divididos nos dois pratos da balança em duas porções com 90 quilos cada. A seguir, uma porção de 90 quilos é dividida, pelo mesmo processo, em duas porções de 45 quilos cada. Na terceira pesagem, use os dois pesos para retirar 5 quilos de uma dessas últimas porções, que ficará com 40 quilos, e o que restou do feijão pesará 140 quilos.

Usualmente uma primeira dificuldade para resolver o problema é a tendência de usar desde o início os pesos de 1 e 4 quilos, pesando 5 quilos de feijão, depois 10 quilos, depois 20 e finalmente 40, mas essa operação exigiria quatro pesagens. Concentrar a atenção em um detalhe dificulta a criatividade.

Solução das moedas mostrando cara

Separe um grupo com a mesma quantidade informada de moedas que mostram cara. Nesse grupo, o número de moedas que mostram coroa será forçosamente igual ao número de moedas que mostram cara no restante do segundo grupo. A seguir, invertendo a posição de todas as moedas do primeiro grupo, os dois grupos conterão exatamente o mesmo número de moedas mostrando cara.

Divisão da barra de prata

Se você é familiarizado com sistemas de numeração, o problema foi trivial, mas se não, a solução é dividir a barra em cinco pedaços, com 1, 2, 4, 8 e 16 centímetros, com o que o acordo pode ser cumprido diariamente.

Para garantir o pagamento no primeiro dia, é necessário ter um pedaço de 1 cm. Para o segundo dia, é necessário ter um pedaço de 2 cm, recebendo de volta o pedaço de 1 cm. Esses dois pedaços podem ser usados para garantir o pagamento do terceiro dia, mas para o quarto dia é necessário um pedaço de 4 cm.

Com os pedaços de 1, 2 e 4 cm pode-se cumprir o acordo até o sétimo dia, mas no oitavo é necessário um pedaço de 8 cm, com o que pode-se pagar até o décimo quinto dia, e com o restante da barra, com 16 centímetros, cumprir o acordo até o fim do mês.

Capítulo 12 - Criptoaritmética

SEND MORE MONEY

A expressão criptoaritmética apareceu pela primeira vez na revista Belga *Sphinx*, em 1931, e consiste em apresentar expressões aritméticas onde os algarismos são substituídos por letras, sendo o desafio determinar que algarismo corresponde a cada letra para a expressão aritmética ficar correta. De uma maneira geral, cada letra corresponde a um único dígito e o mesmo dígito não pode ser representado por mais de uma letra.

Talvez o mais conhecido problema dessa categoria seja o dado pela expressão SEND + MORE = MONEY, ligado a uma velha anedota sobre um telegrama que um aluno de um colégio mandou para os pais. O problema fica mais fácil de ser manipulado expressando-o da forma

$$
\begin{array}{ccccc}
 & S & E & N & D \\
+ & M & O & R & E \\
\hline
M & O & N & E & Y
\end{array}
$$

e vale a pena interromper a leitura para tentar resolver o problema.

ALE x RUM = ERMPNE

```
              A  L  E
          x   R  U  M
          -----------
          W   I  N  E
       W  U   W  L
 +  E  W  W   E
 --------------------
    E  R  M   P  N  E
```

Tente resolver!

Divisão incompleta

Na operação de divisão de um número de 7 dígitos por um número de 2 dígitos, os números ficaram ilegíveis com exceção do dígito central do resultado da divisão e do resto. Cada dígito ilegível é representado por um asterisco e deseja-se descobrir todos os dígitos ocultos. Embora pareça difícil, a solução única, é mais fácil do que parece.

```
* * * * * * * | * *
              |__________
* * *           * * 8 * *
-----
      * *
      * *
      ---
        * * *
        * * *
        -----
            1
```

Tente achar a solução e submeta o problema a seus amigos, antes de verificar a resposta.

UFSC x UFSC

Cada letra corresponde a um único dígito, e a solução é única.

```
          U  F  S  C
       x  U  F  S  C
       -------------
       *  *  *  *  C
    *  *  *  *  S
    *  *  *  F
 *  *  *  U
 -------------------
 *  *  *  *  *  *  *
```

CRISE ao quadrado termina em CRISE

Determine os únicos valores possíveis para os dígitos das letras CRISE.

```
                C  R  I  S  E
             X  C  R  I  S  E
             ----------------
             *  *  *  *  *  *
          *  *  *  *  *  *
       *  *  *  *  *  *
 *  *  *  *  *  *
 ----------------------------
 *  *  *  *  *  C  R  I  S  E
```

O FIM está próximo

Parece complicado, mas não é. Descubra os dígitos que correspondem às letras F, I e M.

$$\left[\frac{FIM}{F+I+M}\right]^2 = FIM + \frac{FIM}{F+I+M}$$

Enigma musical

Descubra os dígitos que correspondem às letras, para satisfazer as equações:

RE + MI = FA

DO + SI = MI

LA + SI = SOL

Quadruplique para inverter

Resolva ABCDE x 4 = EDCBA

Nenhuma dica

Descubra todos os dígitos da conta, sabendo que eles só podem ser primos, 2, 3, 5 ou 7. Um programa simples, em menos de um segundo, revela a única solução.

```
        *   *   *
    x       *   *
    -------------
    *   *   *   *
*   *   *   *
-----------------
*   *   *   *   *
```

Solução do SEND MORE MONEY

Uma primeira convenção é que o algarismo mais à esquerda de um número não pode ser zero, pois não tem sentido representar zeros à esquerda de um número inteiro. Então, nem M nem S são zero. Devendo M ser um número maior que zero, ele só pode ser um, pois a soma de dois números de quatro dígitos não pode ser maior que 19998. A primeira conclusão então é M=1.

Na coluna mais à esquerda, S+M=S+1 deve resultar em um número de dois dígitos, e como M=1, S só pode ser 8 ou 9. Se S=8, deve haver um vai-um da coluna da direita, e o resultado é S+M+1=10. Se S=9, o resultado pode ser 10, se não houver um vai-um ou 11, se houver um vai-um. O resultado 11 implica em O=1, mas M já é igual a 1, portanto, a conclusão a que se chega é O=0. Com isso, a expressão fica:

	S	E	N	D
+	**1**	**0**	R	E
1	**0**	N	E	Y

E+0+1=N, pois para que o resultado tivesse dois dígitos, N deveria ser zero, e o zero já foi identificado como o O. Assim, não ocorre um vai-um, S só pode ser 9, N é uma unidade maior que E e na soma N+R deve ocorrer um vai-um, isto é, essa soma, possivelmente com um vai-um eventualmente adicionado, deve ser maior que 9. A situação pode ser expressa pelas equações

N=E+1 e N+R+(1)=E+10

onde (1) significa a possibilidade de ter ocorrido um vai-um.

Subtraindo a primeira equação da segunda, obtém-se R+(1)=9 concluindo-se que R só pode ser 8 ou 9, mas como o 9 já foi identificado com S, resta como única conclusão R=8, ficando o quadro

		1		
	9	E	N	D
+	**1**	**0**	**8**	E
1	**0**	N	E	Y

Como E é uma unidade inferior a N, na coluna N+8 deve ter ocorrido um vai-um, e como Y não pode ser 0 ou 1, D+E deve ser 12 ou mais. As únicas possibilidades para D e E são, não em ordem, 7+6=13 ou 7+5=12. E não pode ser 7 porque N seria 8, já identificado. E também não pode ser 6, pois D seria 7 e N seria também 7. Sobra então, E=5, D=7 e N=6. Com isso, conclui-se que Y=2, resolvendo-se o problema.

		1	1	
	9	**5**	**6**	**7**
+	**1**	**0**	**8**	**5**
1	**0**	**6**	**5**	**2**

Procedimento sistemático para ALE x RUM

Um procedimento sistemático útil consiste em construir um quadro com as letras nas linhas e os dez dígitos a serem identificados nas colunas, anotando as impossibilidades. O procedimento pode ser explorado no exemplo, de uma multiplicação ALE x RUM = ERMPNE.

Os números mais fáceis de identificar são o zero e o um. Na montagem do quadro de possibilidades, anotando com x a impossibilidade, registra-se preliminarmente que A, R, W e E não podem ser zero. R, U e M não podem ser zero nem um, pois produziriam produtos parciais nulos ou iguais a ALE. Adicionalmente, E não pode ser um, pois M multiplicado por E não resulta em M.

Sendo N+L=N, só se pode ter L=O. Anotando a letra identificada sombreando a casa correspondente, eliminando as demais possibilidades na linha e coluna, fica-se com o quadro seguinte.

				A	**0**	E
			x	R	U	M
			W	I	N	E
		W	U	W	**0**	
+	E	W	W	E		
	E	R	M	P	N	E

	0	1	2	3	4	5	6	7	8	9
A	x									
E	x	x								
I	x									
L		x	x	x	x	x	x	x	x	x
M	x	x								
N	x									
P	x									
R	x	x								
U	x	x								
W	x									

Como UxE termina em zero, então U ou E devem ser iguais a 5, pois o zero já foi identificado com L. Como tanto MxE como RxE terminam em E, deve-se ter E=5. Como decorrência, M e R devem ser ímpares e U par. Atualizando essas informações no quadro, fica-se com:

				A	**0**	**5**
			x	R	U	M
			W	I	N	**5**
		W	U	W	**0**	
+	**5**	W	W	**5**		
	5	R	M	P	N	**5**

	0	1	2	3	4	5	6	7	8	9
A	x					x				
E	x	x	x	x	x		x	x	x	x
I	x					x				
L		x	x	x	x	x	x	x	x	x
M	x	x	x		x	x	x		x	
N	x					x	x	x	x	x
P	x					x				
R	x	x	x		x	x	x		x	
U	x	x		x		x		x		x
W	x		x			x	x	x	x	x

Como W+W não produz um vai-um, W não pode ser maior que 4, e como R é ímpar, a soma da coluna anterior deve produzir um vai-um, isto é, W+U+W deve ser maior que 9 e R=W+W+1. Verificando o produto parcial Ux05=W0, verificam-se as possibilidades do quadro seguinte, pois W não pode ser 2, pois R seria 5, e N não pode ser maior que 4.

				A	**0**	**5**
			x	R	U	M
			W	I	N	**5**
		W	U	W	**0**	
+	**5**	W	W	**5**		
	5	R	M	P	N	**5**

	0	1	2	3	4	5	6	7	8	9
A	x					x				
E	x	x	x	x	x		x	x	x	x
I	x					x				
L		x	x	x	x	x	x	x	x	x
M	x	x	x		x	x	x		x	
N	x					x	x	x	x	x
P	x					x				
R	x	x	x		x	x	x		x	
U	x	x		x		x		x		x
W	x		x			x	x	x	x	x

Concentrando-se agora no terceiro produto parcial, como R só pode ser 3, 7 ou 9, as possibilidades são: Se R=3, W=1 e 3xA=51, devendo ser A=17, o que não é possível; se R=7, W=3 e 7xA=53, o que não possibilita um valor válido para A e, finalmente, se R=9, W=4 e 9xA=54, resultando no valor coerente A=6. Portanto, R=9, W=4 e A=6.

				6	0	5
			x	9	U	M
			4	I	N	5
		4	U	4	0	
+	5	4	4	5		
	5	9	M	P	N	5

	0	1	2	3	4	5	6	7	8	9
A	x	x	x	x	x	x		x	x	x
E	x	x	x	x	x		x	x	x	x
I	x				x	x	x			x
L		x	x	x	x	x	x	x	x	x
M	x	x	x		x	x	x		x	x
N	x				x	x	x	x	x	x
P	x				x	x	x			x
R	x	x	x	x	x	x	x	x	x	
U	x	x		x	x	x	x	x		x
W	x	x	x	x		x	x	x	x	x

Como Ux5=40, U=8, e deve-se ter (4+U+4+1)=M+10, portanto, M=7. Do primeiro produto parcial, com M=7, deduz-se que N=3 e I=2, sobrando para P o valor P=1.

				6	0	5
			x	9	8	7
			4	2	3	5
		4	8	4	0	
+	5	4	4	5		
	5	9	7	1	3	5

	0	1	2	3	4	5	6	7	8	9
A	x	x	x	x	x	x		x	x	x
E	x	x	x	x	x		x	x	x	x
I	x	x		x	x	x	x	x	x	x
L		x	x	x	x	x	x	x	x	x
M	x	x	x	x	x	x	x		x	x
N	x	x	x		x	x	x	x	x	x
P	x		x	x	x	x	x	x	x	x
R	x	x	x	x	x	x	x	x	x	
U	x	x	x	x	x	x	x	x		x
W	x	x	x	x		x	x	x	x	x

Solução da divisão oculta

Pela configuração da conta, o segundo e quarto algarismos do resultado devem ser zero, pois exigiram baixar mais um algarismo do dividendo. O produto de 8 pelo divisor resulta em um número com 2 algarismos, portanto, para produzir produtos com 3 algarismos, o primeiro e o último algarismos do resultado devem ser 9. O resultado é, então, 90.809.

O divisor, multiplicado por 8, resulta em um número de 2 algarismos, e multiplicado por 9 em um número de 3 algarismos, sendo então seu único valor possível 12. O dividendo, então, será igual ao produto de 12 por 90.809 mais o resto 1, ou 1.089.709. A operação reconstruída está mostrada adiante.

```
1 0 8 9 7 0 9 | 1 2
1 0 8           9 0 8 0 9
      9 7
      9 6
        1 0 9
        1 0 8
            1
```

Solução de UFSC x UFSC

Preliminarmente, nenhuma letra pode ser zero ou um. CxC termina em C, então C só pode ser 5 ou 6. Adicionalmente, SxC termina em S, então se C=5, S só pode ser 5, o que não é possível, restando a opção C=6.

Com C=6, S pode ser 2, 4 ou 8, mas a mesma condição deve ser cumprida para F e U. Como o quarto produto parcial resulta em só quatro dígitos, deve-se ter U=2, restando identificar o F e o S com as alternativas 4 e 8, resultando em 2486 ou 2846.

A opção 2486 não é consistente, pois apresenta o terceiro produto parcial com apenas quatro dígitos, restando a solução 2846, ou seja, U=2, F=8, S=4 e C=6.

O quadrado de CRISE terminando em CRISE

Evidentemente, R=0, mas a disponibilidade de um computador comum e um pequeno programa, em dez segundos, mostra a única solução possível, 90625 x 90625 = 8212890625, ou seja, C=9, R=0, I=6, S=2 e E=5.

Solução do FIM

Designando como *n* o numerador do número formado pelos dígitos FIM, e por *d* a soma desses dígitos, a expressão original pode ser expressa como

$$\left(\frac{n}{d}\right)^2 = n + \frac{n}{d}$$

que pode, após um pequeno algebrismo, ser reduzida a $n = d^2 + d$

O valor mínimo de *d* para que *n* resulte em um número de três dígitos é 10, e o valor máximo de *d*, a soma de três dígitos diferentes, é 24. Verificando os 15 possíveis valores de *d*, entre 10 e 24, confirma-se que somente *d*=12 produz para *n* o resultado *n*=156, cuja soma dos algarismos é também 12, portanto, F=1, I=5 e M=6.

Solução do enigma musical

Uma primeira observação permite concluir que O deve ser zero e S deve ser um. Como o computador está disponível, as possibilidades podem ser testadas, em menos de 49 segundos, produzindo o resultado único A=3, D=4, E=7, F=8, I=6, L=9, M=5, O=0, R=2 e S=1, confirmando 27+56=83, 40+16=56 e 93+16=109.

Inverter quadruplicando

Para que o resultado tenha 5 dígitos, A deve ser 1 ou 2, mas como E multiplicado por 4 tem que ser par, deve-se ter A=2.

E deve ser 4 x A = 8 ou 9 (se houver um vai-um), mas para E x 4 terminar em dois deve ser E=8. Fica então 2BCD8 x 4 = 8DCB2.

4 x B não pode produzir um vai-um, então B só pode ser um, e D deve ser 4 ou 5. Como 4 x 8 = 32, 4 x D + 3 deve terminar em um, D só pode ser 2 ou 7, e como A já é igual a 2, sobra somente D=7, ficando com 21C78 x 4 = 87C12.

4 x C + 3 deve terminar em C e vai 3, então só pode ser C=9, ficando finalmente com 21978 x 4 = 87912.

Produto com algarismos primos

Deixando o computador trabalhar por você, a solução única é:

```
      7 7 5
  x     3 3
  ---------
    2 3 2 5
  2 3 2 5
  ---------
  2 5 5 7 5
```

Capítulo13 - Inversão de processos

Cartas do baralho

Selecione dez cartas de um baralho, do 1 (ás) ao 10 e agora vire-as na mesa seguindo o procedimento de virar a carta de cima do monte, passar a carta que ficou em cima do maço para baixo, virar a carta seguinte, passar a carta que ficou em cima do maço para baixo, virar a carta seguinte e assim por diante até o fim.

Como deve ser organizado o maço de cartas para que as cartas viradas estejam em sequência crescente, do ás ao 10?

Herança das filhas

Um rico comerciante deixou de herança para suas filhas uma quantidade de valiosíssimas moedas de ouro para ser repartida de acordo com regras estabelecidas. Pelas regras, a filha mais velha pegaria uma moeda mais um sétimo das restantes. A filha seguinte pegaria duas moedas mais um sétimo das restantes, a terceira três moedas mais um sétimo das restantes e assim por diante.

As filhas acharam muito injustas as determinações do pai e foram se queixar ao juiz. Este, examinando os fatos, concluiu que as determinações eram justas e deviam ser seguidas.

Quantas moedas foram deixadas de herança, quantas eram as herdeiras e quantas moedas trocou para cada uma?

Coincidências no jogo

Sete amigos, André, Bruno, Caio, David, Eduardo, Fábio e Gustavo, inventaram um jogo onde em cada rodada haveria um único perdedor, que deveria duplicar a quantia que cada jogador tinha na disputa. Antes de iniciar a primeira rodada, cada jogador põe em disputa uma quantia qualquer, que não pode ser alterada a não ser pelas regras do jogo, isto é, ser duplicada pelo perdedor ou utilizada para dobrar as quantias em jogo dos não perdedores.

Eles disputaram sete rodadas, e cada um foi perdedor uma vez, na mesma sequência da ordem alfabética de seus nomes. Uma maior coincidência ainda ocorreu, pois no final das sete rodadas cada um deles tinha exatamente 384 reais. Deseja-se determinar com que quantia cada um entrou no jogo.

Grupos de fósforos

Quarenta e oito palitos de fósforos são distribuídos em três montes, e a seguir, realizadas três operações. Na primeira operação, o número de fósforos do segundo grupo é duplicado, retirando palitos do primeiro grupo. Na segunda operação, o número de fósforos do terceiro grupo é duplicado, retirando fósforos do segundo grupo, e na terceira operação, o número de fósforos do primeiro grupo é duplicado, retirando fósforos do terceiro grupo.

No final da operação, todos os três grupos contêm o mesmo número de fósforos. Deseja-se saber quantos fósforos tinha cada grupo no início.

Duplicação do dinheiro

Um viajante encontrou em uma hospedaria um velho que dizia ter uma bolsa mágica, com a propriedade de duplicar qualquer quantidade de dinheiro que fosse nela colocada, em dois minutos. O viajante duvidou, e então acertaram que, se a quantia fosse realmente duplicada, o viajante pagaria ao velho, 800 reais.

O viajante colocou na bolsa mágica todo o dinheiro que trazia e, após dois minutos, a quantia foi realmente duplicada, recebendo o velho seus 800 reais. Repetida a operação, novamente o dinheiro que sobrara ao viajante foi novamente duplicado, e pago mais 800 reais ao velho. Em uma terceira operação, duplicado o dinheiro e pago os 800 reais ao velho, o viajante ficou sem dinheiro.

Deseja-se saber quanto tinha, inicialmente, o viajante.

Solução da ordem das cartas

Se o maço fosse organizado em sequência, do 1 ao 10, as cartas seriam viradas na mesa, na sequência abaixo:

1 3 5 7 9 2 6 10 8 4

Para obter o resultado desejado, o maço deve ser organizado colocando o 1 em primeiro lugar, como o 2 foi a sexta carta virada, em segundo lugar no maço deve ser colocado o 6, como o 3 foi a segunda carta virada, em terceiro lugar deve ser colocado o 2, como o 4 foi a décima carta virada, no quarto lugar deve ser colocado o 10, e assim por diante, formando a sequência

1 6 2 10 3 7 4 9 5 8

que resolve o problema.

Partilha da herança

O processo de partilha da herança não pode durar para sempre, então quando a enésima filha retira suas n moedas, não sobra nada para tirar seu sétimo. A última filha, então, era a sexta, que tirou suas 6 moedas e concluiu a partilha. A penúltima filha tirou sua cota fixa mais um sétimo das moedas restantes, que deviam ser sete, deixando as seis moedas para a última filha.

A penúltima filha então era a quinta, que tirou suas 5 moedas mais um sétimo das 7 restantes, deixando 6 moedas para a sexta filha. Ela encontrou, então, 12 moedas para retirar sua parte.

A quarta filha retirou suas 4 moedas mais um sétimo de 14, ou seja, 2 moedas, deixando as 12 moedas para a quinta filha. Ela encontrou, então, 18 moedas.

A terceira filha tirou suas 3 moedas mais 3, um sétimo de 21, deixando as 18 restantes para a quarta filha. Ela encontrou, então, 24 moedas.

A segunda filha tirou suas 2 moedas mais 4, um sétimo das 28 restantes, deixando 24 moedas para a terceira filha. Ela encontrou 30 moedas.

A primeira filha tirou sua moeda mais 5, um sétimo das 35 restantes, deixando 30 moedas para a segunda filha. A primeira filha encontrou, então, a totalidade da herança, 36 moedas de ouro, cada uma ficou com 6 moedas e eram seis as herdeiras.

Origem da coincidência

É um problema típico para ser resolvido do fim para o começo. Pela descrição do jogo, é do tipo de soma zero ou, mais apropriadamente, de soma constante, pois o total em disputa é sempre constante, no caso 2.688, sete vezes 384, havendo unicamente transferência de valores entre jogadores.

Um quadro como o apresentado facilita a solução do problema, representando cada jogador por sua letra inicial. Cada linha representa a situação do jogo, com as quantias que cada jogador tinha em disputa, na ordem inversa das rodadas, a primeira linha com a situação dada após as sete rodadas, a segunda com a situação antes da sétima rodada, perdida pelo Gustavo, a terceira com a situação antes da sexta rodada, perdida pelo Fábio, e assim por diante, com a última linha com a situação antes da primeira rodada, perdida pelo André.

perdedor	A	B	C	D	E	F	G	total
G	384	384	384	384	384	384	384	2688
F	192	192	192	192	192	192	1536	2688
E	96	96	96	96	96	1440	768	2688
D	48	48	48	48	1392	720	384	2688
C	24	24	24	1368	696	360	192	2688
B	12	12	1356	684	348	180	96	2688
A	6	1350	678	342	174	90	48	2688
inicial	1347	675	339	171	87	45	24	2688

A primeira linha da tabela é preenchida uniformemente com a quantia com que cada jogador terminou após a última rodada. Cada linha subsequente é preenchida com a metade da quantia com que ficou o jogador após essa rodada, com exceção do perdedor, que devia ter uma quantia maior, para pagar os demais.

A última linha, portanto, resolve o problema, indicando que André iniciou com 1347, Bruno com 675, Caio com 339, David com 171, Eduardo com 87, Fábio com 45 e Gustavo com 24.

Quantidade de fósforos nos grupos

Raciocinando de forma inversa, após as três operações cada grupo ficou com 16 fósforos (16-16-16). Antes da terceira operação, o primeiro grupo tinha 8 fósforos, recebendo mais 8 retirados do terceiro grupo (8-16-24). Antes da segunda operação, o terceiro grupo tinha 12 fósforos, recebendo mais 12 retirados do segundo grupo (8-28-12). Inicialmente, então, o segundo grupo tinha 14 fósforos, recebendo mais 14 tirados do primeiro grupo (22-14-12). Essa era a configuração inicial.

O dinheiro duplicado do viajante

Novamente, raciocinando do fim para o começo, a terceira duplicação resultou em 800 que, pagos ao velho, deixou o viajante sem dinheiro. Antes da terceira duplicação o viajante tinha então 400, e a segunda duplicação resultou em 1200, os 400 que sobraram mais os 800 pagos.

Antes da segunda duplicação, o viajante tinha 600, então o resultado da primeira duplicação foi 600+800=1400. Inicialmente, o viajante tinha 700 reais, que foram duplicados na primeira operação.

Se o viajante tivesse inicialmente 800 reais, seu capital ficaria constante após cada duplicação e pagamento do valor combinado. Se tivesse mais de 800, seu capital cresceria indefinidamente, mas se iniciasse com menos de 800, como foi o caso, perderia dinheiro.

Capítulo 14 - Problemas lógicos

Todos os homens são mortais.

Sócrates é um homem,

Então, Sócrates é mortal!

A lógica matemática é uma fantástica ferramenta para tratar problemas lógicos, filosóficos ou matemáticos, mas como todo sistema formal baseado em axiomas, tem suas fraquezas e incoerências quando confrontado com o mundo real.

Todos os gaúchos são bípedes.

Nenhuma vaca é bípede,

Portanto, nenhum gaúcho é vaca!

Matematicamente correta, mas absolutamente inútil.

Importância da semântica

Analise a veracidade das conclusões abaixo:

Todo ser humano é orgânico.

As rochas são inorgânicas,

Logo, nenhuma rocha é um ser humano!

mais esta,

Todos os seres humanos são diferentes.

Pessoas apáticas são indiferentes,

Portanto, nenhuma pessoa apática é um ser humano!

e esta outra

Toda investigação incompleta é parcial.

Toda investigação honesta é imparcial,

Logo, nenhuma investigação incompleta é honesta!

Considerando que inorgânico significa não orgânico, indiferente significa não diferente e imparcial significa não parcial, as três conclusões são matematicamente corretas, mas somente a primeira é aceitável.

As demais são incorretas por razões semânticas. Na segunda, a palavra *diferente* significa não igual e *indiferente* tem o significado de desinteressado, que não se importa com nada, apático. Na terceira, *parcial* tem o sentido de não completo e *imparcial* o sentido de não tendencioso.

Deduções lógicas

Três lógicos, em torno de uma mesa, são vendados e é colocado um boné na cabeça de cada um. Cada boné pode ser preto ou branco, e cada lógico poderá ver o boné de seus companheiros, mas não o seu próprio. Os lógicos são informados que nem todos os bonés são pretos, isto é, pelo menos um deles é branco.

Retiradas as vendas, após alguns momentos de indecisão, todos anunciam que têm um boné branco. Que inferência levou cada um à sua conclusão?

Três filósofos gregos tiram uma soneca sob uma árvore. Um gaiato aproveita o sono deles e pinta as caras deles com carvão. Acordando ao mesmo tempo, todos começam a rir, achando que todos estão rindo pela mesma razão, as caras pintadas.

Subitamente um deles para de rir, concluindo que sua cara também estava pintada. Que inferência o levou a essa conclusão?

Corrida maluca

Um rico árabe deixou à disposição, em testamento, que somente um de seus dois filhos herdaria toda sua fortuna. Para decidir qual o herdeiro, os dois deveriam levar seus camelos à Meca, e o dono do camelo que chegasse por último seria o herdeiro.

Cada um montou no seu camelo e iniciaram a jornada. Após três semanas de marcha lenta, parando em um oásis, expuseram seu dilema a um viajante que lá estava. O viajante disse alguma coisa aos dois que, imediatamente, correram aos camelos e dispararam em direção à Meca. O que disse o viajante?

Lógicos de boné

Três lógicos estão sentados em fila, de forma que o primeiro não vê seus companheiros, o segundo enxerga só o primeiro e o terceiro tem visão total dos outros dois. Dentre cinco bonés, três azuis e dois vermelhos, é colocado um boné na cabeça de cada um dos lógicos e eles são instados a declarar a cor de seu boné.

Perguntando ao terceiro lógico, o último da fila e que pode ver a cor dos bonés de seus outros dois companheiros, ele declara que não pode saber a cor de seu boné. O segundo lógico, olhando somente a cor do boné do primeiro da fila, também declara não saber a cor de seu boné. Finalmente o primeiro, sem ver nenhum boné, mas ouvindo as conclusões de seus companheiros, faz deduções corretas e declara saber a cor de seu boné.

Qual a cor do boné do primeiro lógico e como ele chegou a essa conclusão?

Condenados à morte

Em um reino antigo estavam em uma prisão cem condenados à morte, que deveriam ser executados no dia seguinte. O rei, adepto de brincadeiras macabras e cruéis, reuniu os prisioneiros e especificou um procedimento que poderia salvar a vida de alguns deles.

"Amanhã, vocês serão colocados em fila frente ao carrasco e cada um receberá na cabeça um boné, branco ou preto. Cada um da fila poderá ver os bonés dos que estão à sua frente, mas não o seu nem os dos que estão atrás. Começando pelo último da fila, cada prisioneiro deverá gritar a cor do seu boné, somente podendo dizer ´branco´ ou ´preto´. Se acertar, será libertado, senão, será executado."

Sabendo que os prisioneiros podem se comunicar livremente durante a noite, imagine uma estratégia para salvar o maior número possível de prisioneiros. Pense bem, pois há uma estratégia que garante que no máximo um prisioneiro será executado no dia seguinte.

Quais as profissões?

Bruno, José e Luiz são, não nessa ordem, professor, médico e advogado. O professor, que é filho único, ganha o menor salário, o que não é de espantar. Luiz casou com a irmã do Bruno e seu salário é maior que o do advogado. Com essas informações você pode identificar as profissões de cada um?

Bolas pretas e brancas

Existem três caixas, cada uma com duas bolas, em uma delas, duas bolas brancas, em outras, duas bolas pretas e na terceira, uma bola branca e uma preta. Cada caixa tem um rótulo, com a informação "brancas", "pretas" e "branca e preta", mas nenhum rótulo corresponde ao conteúdo real de sua caixa.

Você pode retirar uma bola de uma das caixas e ver sua cor e, com isso, identificar o conteúdo de cada caixa. Como fazer?

Sinceros e mentirosos

Em uma ilha remota existem duas tribos, uma com indivíduos sinceros, que sempre dizem a verdade, e outra com indivíduos mentirosos, que nunca dizem a verdade. Um viajante, defrontando-se com dois indivíduos, um de cada tribo, deseja identificar o sincero e o mentiroso.

Ele pergunta a um deles se ele é sincero, e recebe como resposta uma palavra no dialeto nativo que ele não entende. Pergunta então ao outro o que o primeiro respondeu, recebendo como resposta "ele disse sim, mas ele é um mentiroso". Quem é o sincero e quem é o mentiroso?

A questão poderia ser resolvida com uma única pergunta dirigida a um deles?

Meias e luvas

Em uma gaveta existem dez pares de meias brancas e dez pares de meias pretas, e em outra gaveta dez pares de luvas brancas e dez pares de luvas pretas. Você deseja um par de meias e um par de luvas de mesma cor, podendo ser brancas ou pretas. No escuro, qual o número mínimo de meias e de luvas que devem ser retiradas de cada gaveta para garantir o obtenção de um par de meias e um de luvas da mesma cor?

Duas moedas

Uma pessoa tem duas moedas que totalizam 75 centavos, e uma delas não é de 50 centavos. Que moedas poderiam ser?

Casamento católico

A igreja católica permite que um homem se case com a irmã de sua viúva?

Desastre internacional

Um avião, em um voo internacional, cai exatamente na fronteira entre o Brasil e a Argentina. Em que país devem ser enterrados os sobreviventes do desastre?

Questão de classe

Uma ilha do pacífico é habitada por três tipos de pessoas, as sinceras, que sempre dizem a verdade, as mentirosas, que sempre mentem, e as normais, que algumas vezes mentem e outras dizem a verdade. As pessoas sinceras são consideradas de classe alta, as normais de classe média e as mentirosas de classe baixa.

Duas pessoas da ilha, A e B, dizem as seguintes frases:

A – Sou de uma classe inferior à de B.

B – O que ele disse não é verdade.

Com essas informações é possível determinar as classes de A e de B? Pode-se ainda determinar se cada frase é verdadeira ou falsa?

Noiva estranha

Na ilha que só tem mentirosos ou sinceros, as pessoas também são classificadas como pobres ou ricas. Você se enamora de uma linda moça que só deseja casar com um mentiroso rico. Se você é um mentiroso rico, como, em uma única frase, deve convencê-la de sua situação? E se ela desejar um sincero rico e você fosse sincero e rico, qual seria sua frase?

O que é melhor?

O que é melhor, a felicidade eterna ou um sanduíche de presunto?

Soluções dos lógicos e filósofos

No caso dos bonés dos três lógicos, um deles raciocina da seguinte maneira: Se meus dois companheiros tiverem bonés pretos, o meu deve ser branco, então se existirem dois bonés pretos, um deles, vendo dois bonés pretos, deduziria imediatamente que tem um boné branco, e o mesmo raciocínio deve ter sido feito por seus companheiros. Então só pode existir um ou nenhum boné preto. No caso de existir um boné preto, quem o visse concluiria que seu boné é branco. Como todos hesitaram, a conclusão é que todos os bonés eram brancos.

Uma inferência não explicitada é a da capacidade de dedução lógica de todos. Uma linha alternativa de raciocínio é que, para que a competição fosse equilibrada, todos veriam a mesma situação, isto é, bonés brancos.

No caso dos filósofos gregos, um deles raciocina: um de meus companheiros pensa que não está mascarado, mas se eu também não estou, então de que está rindo o terceiro? Como ele não está surpreso com o riso dele, então eu devo estar também mascarado.

Solução da corrida maluca

O sábio viajante, pois devia ser muito sábio, disse: "troquem de camelos". O herdeiro seria aquele cujo camelo chegasse por último.

A cor do boné do primeiro lógico

Mais uma vez, é necessário fazer algumas inferências iniciais, desta vez de que os personagens eram competentes em fazer inferências lógicas. Se o terceiro lógico visse dois bonés vermelhos nas cabeças de seus companheiros, imediatamente deduziria que só podia ter um boné azul, portanto, pelo menos um dos dois lógicos à sua frente tem um boné azul na cabeça.

Se o segundo lógico visse um boné vermelho na cabeça do primeiro, concluiria que seu boné é azul, portanto, o boné na cabeça do primeiro lógico é azul, como ele corretamente concluiu.

Salvação dos condenados à morte

Quando vi o problema pela primeira vez, imaginei a estratégia de o último da fila gritar a cor do chapéu do primeiro, o penúltimo gritar a cor do chapéu do segundo, e assim por diante. Assim, quando chegasse a sua vez, os 50 primeiros da fila saberiam a cor dos seus chapéus e se salvariam. Os 50 últimos teriam uma chance de 50% de acertarem, o que resultaria na salvação, em média, de 75 prisioneiros. Mas existe uma estratégia melhor; pense um pouco mais antes de seguir a leitura.

A estratégia mais eficiente é a de convencionar, por exemplo, que o último da fila gritará "branco" se, à sua frente, enxergar um número par de chapéus pretos, senão gritará "preto". Com isso, o penúltimo da fila saberá que, à sua frente, incluindo o seu, o número de chapéus pretos é par ou ímpar.

A partir daí, todos podem atualizar a paridade de chapéus pretos, que muda cada vez que alguém identifica seu chapéu como preto, caso a paridade observada à sua frente seja diferente.

O último tem uma chance de 50% de salvação e os demais 99 terão certeza que serão libertados, isto é, se o rei estava falando a verdade e ninguém se enganar na contagem de chapéus pretos à sua frente.

Identificação das profissões

Um quadro com os nomes e as profissões facilita a solução do problema, mas não é indispensável. Como Bruno tem irmã ele não é o professor, e como o salário do Luiz é maior que o do advogado, ele também não é o professor, portanto, o professor é o José. Como Luiz não pode ser o advogado nem o professor, ele deve ser o médico, devendo então Bruno ser o advogado.

Identificação das bolas pretas e brancas

Tirando uma bola da caixa com o rótulo "branca e preta", que deve ter duas bolas da mesma cor, seu conteúdo será identificado. A caixa que tem o rótulo indicando duas bolas da mesma cor da bola observada não pode ter uma bola branca e uma preta, pois então o rótulo da outra caixa estaria correto, portanto, deve ter uma bola de cada cor, restando, para a terceira caixa, conter duas bolas da outra cor que a da bola observada.

Identificação dos sinceros e mentirosos

A resposta do primeiro indivíduo só poderia ser "sim", portanto, o segundo indivíduo é sincero e o primeiro mentiroso.

A pergunta única poderia ser: "se eu perguntasse a teu companheiro se ele é sincero, o que ele responderia?".

Meias e luvas no escuro

A retirada de três meias garante que um par será da mesma cor, mas na gaveta das luvas a situação é diferente, pois cada luva retirada pode ser da mão esquerda ou da mão direita. Retirando 20 luvas, elas podem ser 10 brancas e 10 pretas, todas da mão esquerda, não formando nenhum par.

Retirando mais uma luva, certamente será formado um par da mesma cor, mas pode ser de cor diferente do par de meias, de modo que somente retirando 31 luvas se garante a obtenção de um par de luvas da mesma cor que o par de meias.

Solução das duas moedas

As duas moedas, totalizando 75 centavos, são uma de 50 e outra de 25 centavos. Uma delas, a de 25 centavos, não é de 50 centavos.

Casamento católico impossível

Como pode um defunto se casar na igreja católica?

Enterro das vítimas do desastre

É claro que ninguém proporia enterrar os sobreviventes do desastre.

Classes de A e B

Em primeiro lugar, A não pode ser sincero, pois sua frase seria verdadeira, mas sua classe não poderia ser inferior a nenhuma outra. Se A fosse mentiroso, ele não seria de classe inferior à de B, que seria também mentiroso, mas sua frase teria sido verdadeira. Então A deve ser normal, de classe média.

Se B fosse sincero, a frase de A seria verdadeira e a de B uma mentira, portanto, B não pode ser sincero. Se B fosse mentiroso, a frase de A seria verdadeira, mas A não pode ser de classe inferior à de B. Portanto, B também é normal, de classe média.

Concluindo, a frase de A é falsa e a de B é verdadeira.

Convencimento da noiva estranha

Se você é um mentiroso rico, deve dizer "sou um mentiroso pobre". Daí, você não pode ser sincero, pois afirmou ser um mentiroso, então você é mentiroso e sua frase uma mentira, você não é um mentiroso pobre, e sim um mentiroso rico.

Se você é um sincero rico, deve dizer "eu não sou um sincero pobre". Você não pode ser um mentiroso, senão sua frase seria verdadeira. Como sua frase é verdadeira, se você não é um sincero pobre, certamente será um sincero rico.

A condição não explicitada é que a possível noiva, nos dois casos, deve ter uma boa capacidade lógica.

Melhor que a felicidade eterna

Nada é melhor que a felicidade eterna, mas um sanduíche de presunto é melhor que nada, portanto, o sanduíche de presunto é melhor que a felicidade eterna.

Capítulo 15 - Questões de probabilidades

Jogo das três cartas

Três cartas são apresentadas, uma branca nas duas faces, outra vermelha nas duas faces e uma terceira branca em uma face e vermelha na outra. As cartas são colocadas em um saco e você, sem olhar, retira uma e a coloca sobre a mesa, mostrando uma face branca.

A carta retirada, evidentemente, não é a vermelha nas duas faces. Seu amigo, então, propõe apostar dois reais contra um que a outra face da carta também é branca. É uma aposta justa? Você raciocina que existe 50% de chance de que a outra face seja branca ou vermelha, portanto, as probabilidades estão a seu favor.

Segurança de voo

Um amigo argumenta que aviões militares de caça são mais seguros que aviões comerciais, pois o número de mortes em desastres daqueles são muito menores que destes. O argumento está correto?

Mata-mata no cara ou coroa

Dez amigos disputam uma competição de cara ou coroa, todos com o mesmo capital inicial. A primeira partida, entre dois participantes sorteados, termina quando um deles ganha todo o dinheiro do outro, dobrando seu capital. Na segunda partida, o ganhador da primeira, com o dobro do capital inicial, joga contra outro participante sorteado, até que um deles ganhe tudo, ficando então com o triplo de seu capital inicial. As partidas seguem na mesma sequência, até que o último joga contra o ganhador, que tem nove vezes seu capital inicial.

Deseja-se saber quem tem a maior chance de ganhar, se o primeiro a jogar, o último ou um dos jogadores intermediários.

Dois ases em uma mão

Em um jogo de bridge, as 52 cartas do baralho são distribuídas pelos quatro jogadores, 13 para cada um. Recebidas as cartas, um jogador declara: "eu tenho um ás na mão". Qual a probabilidade de que ele tenha em sua mão um outro ás ?

Se a declaração fosse: "eu tenho o ás de espadas na minha mão", a probabilidade de ele ter um outro ás na mão seria maior ou menor que no caso anterior?

Duelo triplo

Um duelo é estabelecido entre três participantes (seria um trielo?), onde eles atiram ciclicamente, em sequência A, B, C, A etc., excluindo o participante atingido, sendo vencedor o que restou não atingido. Na sua vez, cada atirador escolhe com liberdade seu alvo. A atira com precisão de 30%, C com precisão de 50% e B nunca erra.

Se A errar seu primeiro tiro, certamente B atirará em C, melhor atirador que A, e A terá uma chance de 30% de acertar B, senão será acertado por ele. Se A atirar em C e acertar, certamente será ferido por B no tiro seguinte. Qual a melhor estratégia para A?

Decisão coletiva ou individual

Um júri pode ser formado por três pessoas, duas com probabilidade p de decidir corretamente e uma terceira, o Gilmar, que decide sempre na cara ou coroa, independentemente dos fatos. Outra alternativa é confiar a decisão a uma única pessoa, com a mesma probabilidade p de decidir corretamente. Qual a melhor?

Os chapéus trocados

A história é a seguinte: oito amigos vão jantar em um restaurante, exageram na bebida e são os últimos a sair do restaurante. A história se passa na época em que os homens usavam chapéus e os restaurantes tinham chapelaria.

Ao sair, nenhum tinha condições de identificar seu próprio chapéu, pegando qualquer um, aleatoriamente. Deseja-se saber qual a probabilidade de que nenhum dos oito tenha saído com o seu próprio chapéu.

O primeiro a sair tem oito chapéus a escolher, o segundo sete, o terceiro seis e assim por diante, até o último que deve pegar o único chapéu que sobrou. O número de possíveis maneiras em que os chapéus fossem retirados em sequência é então o produto desses números, 1x2x3x4x5x6x7x8=4.320, ou o fatorial de oito, 8!. Deve-se contar, dessas diferentes maneiras, em quantas nenhum saiu com seu próprio chapéu, e a probabilidade será então dada pelo quociente desses dois números.

Este problema é bem mais difícil do que pode parecer à primeira vista, e não conheço nenhuma resposta justificada em detalhes já publicada em algum lugar.

Aposta no jogo das três cartas

Em realidade não são duas, mas, sim, três as possibilidades. A face branca mostrada pode ser a da carta branca e vermelha ou uma das duas faces da outra carta. A outra face será branca com uma probabilidade de dois casos em três, quando você perderá um real, ganhando dois reais em um caso em três. A aposta, portanto, está perfeitamente equilibrada.

Aviões mais seguros

É um exemplo perfeito de "como mentir com estatísticas". É como mudar do Rio de Janeiro para Arraial do Cabo, pois lá morre muito menos gente. Deve-se comparar o número de mortes por desastre aéreo por passageiros transportados, ou por distância percorrida, o que já é uma boa discussão. Na mesma linha de raciocínio, deve-se evitar a cama, o lugar mais perigoso, pois a maioria das pessoas morre na cama.

Chances no mata-mata

Em um jogo equilibrado, como é o caso, a chance de cada um ganhar é diretamente proporcional a seu capital. Na primeira partida, a chance de cada um ganhar é ½. Na segunda partida, o vencedor da primeira tem 2/3 de chance de ganhar, contra 1/3 de seu oponente. Na seguinte, se o primeiro continua ganhando, sua chance passa a ser ¾, e assim por diante, até sua última partida, com chance 9/10.

A probabilidade de ganhar as nove partidas é o produto (1/2).(2/3).(3/4)...(8/9).(9/10), que resultam em 1/10. O último também tem 1/10 de chance de ganhar, assim como qualquer outro. As chances são iguais para todos.

Probabilidade do segundo ás na mão

Supondo um baralho com apenas quatro cartas, um ás de espadas, um outro ás e mais duas cartas diferentes, com dois jogadores, das seis mãos possíveis que um jogador recebe, somente uma não tem nenhum ás, só uma tem os dois ases e três tem o ás de espadas. O segundo ás só existe em uma das cinco mãos que tem um ás, 1/5, e em uma das três mãos que tem o ás de espadas, 1/3, uma probabilidade maior.

A simplificação é suficiente para justificar a conclusão?

Estratégia para o duelo triplo

1. Se A atirar em B (30%) e acertar, B é eliminado e o duelo segue com A e C. Se C atirando em A acertar, o duelo termina com vitória de C, senão, se C erra (50%), e A acerta em C (30%), a possibilidade de vitória de A é de 30% de 50%, igual a 15%, que se repete em novas rodadas do confronto.

2. Se A acertar seu primeiro tiro em C, será eliminado pelo tiro seguinte de B.

A conclusão é de que A não pode eliminar B nem C com seu primeiro tiro, pois diminui ou elimina sua possibilidade de vencer, mantendo sua chance de 30% simplesmente disparando seu primeiro tiro para cima, não visando nenhum dos outros competidores. Como B certamente eliminará C em seu primeiro tiro, o segundo tiro de A pode eliminar B com sua melhor chance, de 30%.

Como B certamente eliminará C em seu primeiro tiro, o segundo tiro de A pode eliminar B com sua melhor chance, de 30%.

Alternativas decisivas

No primeiro caso, a decisão correta seria obtida quando os dois primeiros jurados decidissem corretamente, com probabilidade $p.p=p^2$, não importando a decisão do Gilmar, ou quando os dois primeiros divergissem, com probabilidade $p(1-p)+(1-p)p=2p(1-p)$, quando, após o voto do Gilmar, metade das decisões seria correta, ou $p(1-p)$.

A probabilidade de decisões corretas seria então $p^2+p(1-p)= p^2+p-p^2=p$, ou seja, a mesma se a questão fosse julgada por um único jurado, com probabilidade p de acerto.

Solução da troca de chapéus

Este problema não é fácil, mas pode ser resolvido com um pouco de paciência, de forma progressiva, considerando primeiramente um único freguês, depois, dois, três etc. até chegar aos oito do problema. Se for um único freguês, existindo somente um único chapéu na chapelaria, evidentemente ele terá que pegar o seu próprio, sendo zero a probabilidade de pegar um chapéu errado.

Se forem dois clientes, chamando-os de A e B por ordem de saída, eles podem pegar, em ordem, os chapéus A e B ou B e A. Em um caso cada um sai com seu próprio chapéu e no outro os dois pegam chapéus errados, portanto, a probabilidade é 50%, ou 1/2. Com dois clientes então existe uma única possibilidade de retirada dos chapéus que satisfaz a condição de que nenhum saia com seu próprio chapéu, que é a ordem de retirada de chapéus designada como BA. Introduzindo a notação f(n) como o número de possibilidades com n clientes, concluímos que f(2)=1.

Juntando um terceiro cliente, saindo os três na ordem ABC, existem duas possibilidades de que cada um não saia com o seu próprio chapéu, CAB e BCA. Essas configurações podem ser obtidas substituindo, na configuração do caso de dois clientes, cada chapéu pelo terceiro, colocando em terceiro lugar o chapéu substituído. Então, f(3)=2. Note que nenhuma dessas configurações começa com a sequência BA, do caso de dois clientes, pois o terceiro chapéu coincidiria com o seu dono.

Ao juntar o quarto cliente, a situação fica um pouco mais complicada. Ao juntar o cliente D, pode-se gerar configurações aceitáveis com o mesmo procedimento anterior, substituir, em cada configuração CAB e BCA, cada chapéu pelo D, colocando o chapéu substituído como o último. Isso gerará 3 configurações de cada uma delas, ou seja, 3x2=6.

Deve-se ainda considerar a configuração BA do caso de dois clientes, que pode gerar a configuração BADC, acrescentando o chapéu do último cliente em penúltimo lugar e o do penúltimo em último, mas existem ainda as configurações CDAB e DCBA, ainda não consideradas. Retornaremos mais adiante ao assunto.

Mais um pouco de combinatória

Já vimos que *n* objetos distintos podem ser permutados de *n*! sequências diferentes. São as *permutações* de *n* objetos, que pode ser denotada por $P(n) = n!$.

A quantidade de maneiras em que se pode dispor *p* objetos, retirados de uma coleção maior de *n* objetos distintos, pode ser calculada de forma similar. O primeiro objeto pode ser um qualquer dentre os *n* da coleção, o segundo pode ser qualquer dos (*n*-1) restantes, o terceiro qualquer um dos (*n*-2) restantes, e assim por diante até completar o grupo de *p* objetos. Essa quantidade é então o produto dado por $n.(n-1).(n-2)...(n-p-1)$, com *p* parcelas.

A expressão fica mais compacta se completarmos o produto com os valores decrescentes de n-p até um, resultando então no fatorial de n, e dividirmos pelo produto dos fatores acrescentados acima, o fatorial de n-p. Teremos então os arranjos de n objetos tomados p a p, denotados por $A(n,p) = \frac{n!}{(n-p)!}$

Dois arranjos diferem entre si pelos objetos que o compõem ou, se compostos pelos mesmos objetos, pela ordem em que se apresentam. O número total de arranjos pode ser organizado em grupos que contenham os mesmos objetos, embora com diferentes ordenações. Cada grupo conterá então as *p*! permutações dos *p* objetos presentes.

Se estamos interessados somente nos objetos selecionados, não importando sua ordenação, sua quantidade é obtida dividindo a quantidade de arranjos por p!, obtendo então o número de combinações de n objetos p a p, denotado por $C(n,p)=\frac{n!}{p!.(n-p)!}$

Voltando às probabilidades

Generalizando logo para *n* amigos, a probabilidade de que um deles saia com seu próprio chapéu é de um caso em *n*, igual para todos. A probabilidade que nenhum saia com seu próprio chapéu é o complemento da probabilidade de que pelo menos um acerte seu chapéu, que vamos calcular.

A probabilidade que um amigo especificado acerte seu chapéu é dada pelo número de permutações onde existe pelo menos uma coincidência, dividido pelo número total de permutações. Somando as probabilidades que cada um dos *n* amigos acerte seu chapéu resulta na unidade, ou 100%, mas esse cálculo conta em dobro as permutações onde existem duas coincidências, em triplo aquelas onde existem três coincidências e assim por diante.

A probabilidade de que dois amigos especificados acertem seus chapéus é dada pelo produto da probabilidade do primeiro acertar seu chapéu ($1/n$), pela probabilidade do segundo acertar seu chapéu, que agora é $1/(n-1)$, dado que o primeiro chapéu já foi retirado. Para que três amigos especificados acertem seus chapéus, o resultado anterior deve ser multiplicado pela probabilidade do terceiro acertar seu chapéu, que é dada por $1/(n-2)$, e assim por diante.

A probabilidade de que p amigos especificados acertem seus chapéus é dada então por $X(n,p)=\frac{1}{n}\frac{1}{(n-1)}\frac{1}{(n-2)}\cdots\frac{1}{(n-p+1)}$

que pode ser expressa, de forma mais compacta como $X(n,p)=\frac{(n-p)!}{n!}$

A probabilidade de que pelo menos *p* amigos acertem seus chapéus é dada pelo produto do número de diferentes combinações de *p* amigos, $C(n,p)$ por $X(n,p)$, que resulta em

$$Y(n,p)=\frac{n!}{p!.(n-p)!}\cdot\frac{(n-p)!}{n!}=\frac{1}{p!}$$

Probabilidade de pelo menos uma coincidência

A probabilidade de pelo menos uma coincidência é $Y(n,1)$, mas que conta de forma repetida as permutações que têm mais de uma coincidência. Subtraindo desse valor a probabilidade de pelo menos duas coincidências resulta $Y(n,1)-Y(n,2)$, mas nesse cálculo foram subtraídas em $Y(n,2)$ todas as permutações com mais de duas coincidências.

Repondo as permutações com pelo menos três coincidências, obtemos $Y(n,1)-Y(n,2)+Y(n,3)$ mas passamos a contar de forma repetida as permutações com mais de três coincidências. Então, deveríamos subtrair $Y(n,4)$, somar $Y(n,5)$, subtrair $Y(n,6)$ e assim por diante, chegando ao resultado $\frac{1}{1!}-\frac{1}{2!}+\frac{1}{3!}-\frac{1}{4!}+\ldots+(-1)^{n+1}\frac{1}{n!}$

Probabilidade de não coincidência

A probabilidade buscada, de não haver nenhuma coincidência de um chapéu com seu dono, será o complemento dessa última expressão, dada por $\frac{1}{2!}-\frac{1}{3!}+\frac{1}{4!}-\frac{1}{5!}+\ldots+(-1)^{n}\frac{1}{n!}=\sum_{i=2}^{n}(-1)^{i}\frac{1}{i!}$

Quando n cresce indefinidamente, o valor acima tende para $1/e$, sendo $e=2{,}71828\ldots$, base dos logaritmos Neperianos. $1/e=0{,}3679\ldots$, o que dá uma probabilidade de 36,79% de não haver coincidência. Esse valor já é praticamente alcançado com os oito amigos. A probabilidade é um pouco maior de um terço.

Aposta de botequim

Uma versão do problema pode ser feita, por exemplo, pegando dez cartas de um baralho, do um (ás) ao dez. As cartas são embaralhadas, colocadas viradas sobre a mesa, e desviradas uma a uma, simultaneamente contando 1, 2, 3 etc., verificando se houve ou não pelo menos uma coincidência, isto é, se o um foi a primeira carta virada, ou o dois a segunda, ou o três a terceira etc.

Você pode apostar, propondo pagar um se houver pelo menos uma coincidência e receber dois se não houver nenhuma coincidência. Disputando várias rodadas, a chance de ganhar é sua, em média um pouco mais de uma rodada em cada três.

Cálculo recursivo

Retornando à contagem das permutações onde não existe coincidência, chamando os amigos de A, B, C etc., na ordem de saída, com um único chapéu sempre haverá coincidência, com dois chapéus só uma não coincidência (BA) nas duas permutações, com três chapéus haverá só duas não coincidências (BCA,CAB) nas seis permutações.

De cada permutação não coincidente de três chapéus podemos gerar três permutações não coincidentes de quatro chapéus, simplesmente substituindo cada chapéu da permutação pelo quarto chapéu, deslocando o chapéu substituído para a última posição, mas o processo não gera todas as permutações não coincidentes.

De (BCA) geramos (DCAB,BDAC,BCDA), de (CAB) geramos (DABC,CDBA,CADB). Da permutação não coincidente de dois chapéus (BA) podemos gerar mais uma permutação não coincidente de quatro chapéus (BADC). Mas não foram geradas as permutações não coincidentes (CDAB,DCBA).

Fico no aguardo de contribuições para demonstrar a relação de recorrência, por um processo sistemático para gerar, a partir das anteriores, as permutações não coincidentes a cada chapéu adicional juntado à coleção.

Relação de recorrência

Quando tomei conhecimento do problema pela primeira vez, foi informado que o total de permutações não coincidentes para $n+1$ chapéus era dado pela soma dos números de permutações não coincidentes para n e $n-1$ chapéus, multiplicada por n, sem qualquer prova.

Como é muito mais fácil verificar a correção de uma hipótese que propor uma nova hipótese, segue a prova formal. Designando por NNC(n) o número de permutações não coincidentes de n chapéus, esse número é o produto da quantidade total de permutações, P(n) pela probabilidade, já calculada, de não haver coincidência.

Assim, podemos escrever

$$NNC(n) = n! \sum_{i=2}^{n} (-1)^i \frac{1}{i!} = \sum_{i=2}^{n} (-1)^i \frac{n!}{i!}$$ e, de forma similar,

$$NNC(n\text{-}1) = (n\text{-}1)! \sum_{i=2}^{n-1} (-1)^i \frac{1}{i!} = \sum_{i=2}^{n-1} (-1)^i \frac{(n-1)!}{i!}$$

Somando as duas expressões multiplicadas por n, fica

$$NNC(n+1) = n \sum_{i=2}^{n} (-1)^i \frac{n!}{i!} + n \sum_{i=2}^{n-1} (-1)^i \frac{(n-1)!}{i!}$$

e, extraindo o termo com $i=n$ do primeiro somatório e, no segundo termo, colocando o fator n no interior do somatório, fica

$$NNC(n+1) = n(-1)^n \frac{n!}{n!} + n\sum_{i=2}^{n-1} (-1)^i \frac{n!}{i!} + \sum_{i=2}^{n-1} (-1)^i \frac{n!}{i!}$$

Os termos dos dois somatórios, de i=2 até i=n-1 podem ser agrupados, restando somente o último termo do primeiro somatório, quando i=n.

$$NNC(n+1) = n(-1)^n \frac{n!}{n!} + (n+1)\sum_{i=2}^{n-1} (-1)^i \frac{n!}{i!}$$

Esse termo extraído do somatório, igual a $n(-1)^n \frac{n!}{n!}$, pode ser expresso, de forma equivalente, como

$$n(-1)^n\frac{n!}{n!} = n(-1)^n\frac{n!}{n!} + (-1)^n\frac{n!}{n!} + (-1)^{n+1}\frac{(n+1)!}{(n+1)!}$$

pois os termos acrescentados são unitários e de sinais contrários, e os dois primeiros termos podem ser agrupados

$$n(-1)^n\frac{n!}{n!} = (n+1)(-1)^n\frac{n!}{n!} + (-1)^{n+1}\frac{(n+1)!}{(n+1)!}$$

$$= (-1)^n\frac{(n+1)!}{n!} + (-1)^{n+1}\frac{(n+1)!}{(n+1)!}$$

Retornando à expressão anterior, já colocando o termo (n+1) no interior do somatório, fica-se com

$$NNC(n+1) = \sum_{i=2}^{n-1}(-1)^i\frac{(n+1)!}{i!} + (-1)^n\frac{(n+1)!}{n!} + (-1)^{n+1}\frac{(n+1)!}{(n+1)!}$$

Agora os dois últimos termos podem ser colocados no interior do somatório, pois correspondem às expressões com i=n e i=n+1, estendendo-se o somatório para i de 2 até n+1, resultando na expressão

$$\mathrm{NNC}(n+1) = \sum_{i=2}^{n+1}(-1)^i\frac{(n+1)!}{i!}$$

que é exatamente a expressão deduzida anteriormente para a quantidade de permutações não coincidentes de *n*+1 chapéus.

Créditos

Não me canso de repetir que a gente não precisa ser competente em tudo, basta conhecer as pessoas certas. Depois de muito lutar com a minha incompetência em probabilidades, busquei socorro com meu amigo e colega do Departamento de Informática e Estatística da Universidade Federal de Santa Catarina, Pedro

Barbetta, que, em seus momentos de ócio (criativo, evidentemente) produziu-me a solução.

Na descrição acima, procurei suavizar as passagens matemáticas mais especializadas, para tentar facilitar a compreensão por pessoas não fluentes na área.

Continuo esperando contribuições para o desenvolvimento de um procedimento sistemático (algoritmo) para gerar os sucessivos conjuntos de permutações não coincidentes à medida que novos chapéus são acrescidos à coleção, pelo aumento de novos participantes nos festivos jantares dos amigos.

Capítulo 16 - Problema de distribuição

Dr. Ecco, personagem de Dennis Shasha, é um detetive matemático que resolve os mais intrincados problemas. O aqui apresentado é o número 11 do livro "Dr. Ecco Mathematical Detective", e é abordado para mostrar uma solução original, melhor que as sugeridas pelo Dr. Ecco.

As fábricas dos foguetes

A fabricação de um novo modelo de foguete, por razões de segurança, foi distribuída em cem fábricas em diferentes locais. Cada fábrica deveria construir cem unidades de cada uma das cem partes do foguete. O problema proposto era distribuir as partes do foguete de forma que cada fábrica ficasse com uma unidade de cada uma das cem partes, em condições de montar um foguete completo.

Para distribuir as partes entre as fábricas, a empresa alugou cem caminhões, cada um com capacidade para transportar qualquer número de partes. Cada caminhão leva cinco horas para ir de uma fábrica para qualquer outra, aí incluído o tempo de carga e/ou descarga, mais um adicional de cinco horas para levar o caminhão da garagem para qualquer fábrica. Uma fábrica só pode carregar ou descarregar um caminhão de uma vez.

Se cada caminhão se dirigir para uma fábrica, carregar 99 unidades da parte lá fabricada e sair distribuindo uma unidade para cada uma das outras 99, a operação toda levará 500 horas. O Dr. Ecco foi perguntado se, com os mesmos cem caminhões, a distribuição poderia ser feita em cem horas.

Soluções do Dr. Ecco

Ecco pensou um pouco e apresentou uma solução, acrescentando ainda que, com uma pequena variante, a distribuição podia ser feita em 95 horas. Após remunerado por seu trabalho, o Dr. Ecco foi consultado se, com mais caminhões e com condições de carregar e descarregar mais de um caminhão ao mesmo tempo em uma fábrica, o trabalho de distribuição poderia ser feito em 40 horas.

Após algum tempo, Ecco apresentou uma solução para a distribuição em 40 horas, usando 1500 caminhões, com 15 plataformas de carga/descarga em cada fábrica. A engenhosa solução está descrita no livro de D. Shasha, Mas existe uma solução melhor para a distribuição das partes, usando cem caminhões, em apenas 40 horas, sempre com um único caminhão descarregando e carregando em cada fábrica.

Solução ótima

A solução ótima, até agora, é a descrita a seguir, e duvidamos que exista uma melhor. Pode-se logo generalizar para n fábricas, produzindo cada uma n unidades de cada uma dos n componentes do foguete. O problema é distribuir as partes pelas n fábricas no menor tempo possível.

Seja F(i,j) o número das partes j que existem na fábrica i. No início, evidentemente F(i,i)=n e F(i,j)=0 para i ≠ j. Seja s a maior potência de 2 não maior que n, e na primeira operação, cada um dos n caminhões é dirigido, da garagem, para uma fábrica diferente.

Na segunda operação, em cada fábrica i, o caminhão carrega j unidades da parte existente nessa unidade em excesso de s. A seguir, da fábrica i cada caminhão dirige-se à fábrica k, definida como $k=[(i+s-1)\text{mod}n]+1$, onde $x\text{mod}y$ resulta no resto da divisão inteira de x por y. Cada fábrica terá um caminhão descarregando e carregando.

Na terceira operação, *s* é dividido por 2 e repetida a operação anterior, continuando a repetição até *s* se anular. No final, cada fábrica terá um de cada componente para montar seu foguete, e a operação de transferência das partes foi realizada em um número de ciclos igual ao expoente de 2 que resulta no *s* inicial mais um, para o deslocamento dos caminhões para as fábricas.

Para cem fábricas, a distribuição pode ser feita em 40 horas, e as mesmas 40 horas podem fazer a distribuição de até 128 fábricas. De 129 a 256 fábricas, a distribuição pode ser feita em 45 horas, de 33 a 64 fábricas, em 34 horas, e assim por diante, desde que o número de caminhões disponíveis seja igual ao número de fábricas.

Exemplo

Para seis fábricas, as linhas representam as fábricas e as colunas a quantidade de peças que cada uma tem. No início, evidentemente a situação está representada na tabela **A**, e *s*=4, gastando-se cinco horas para levar um caminhão a cada fábrica.

Na primeira jornada, cada caminhão carrega duas peças (6-4) em cada fábrica, cada um seguindo a rota 1-5, 2-6, 3-1, 4-2, 5-3 e 6-4, descarregando as peças, resultando na situação do quadro **B**,

A	1	2	3	4	5	6
1	6	-	-	-	-	-
2	-	6	-	-	-	-
3	-	-	6	-	-	-
4	-	-	-	6	-	-
5	-	-	-	-	6	-
6	-	-	-	-	-	6

B	1	2	3	4	5	6
1	4	-	-	-	2	-
2	-	4	-	-	-	2
3	2	-	4	-	-	-
4	-	2	-	4	-	-
5	-	-	2	-	4	-
6	-	-	-	2	-	4

Na segunda jornada, com s=2, cada caminhão carrega as peças em excesso de 2, seguindo as rotas 1-3, 2-4, 3-5, 4-6, 5-1 e 6-2, resultando na situação do quadro **C**.

C	1	2	3	4	5	6
1	2	-	2	-	2	-
2	-	2	-	2	-	2
3	2	-	2	-	2	-
4	-	2	-	2	-	2
5	2	-	2	-	2	-
6	-	2	-	2	-	2

D	1	2	3	4	5	6
1	1	1	1	1	1	1
2	1	1	1	1	1	1
3	1	1	1	1	1	1
4	1	1	1	1	1	1
5	1	1	1	1	1	1
6	1	1	1	1	1	1

Na terceira e última jornada, com s=1, os caminhões carregam em cada fábrica uma peça das duas existentes de cada tipo e seguem as rotas 1-2, 2-3, 3-4, 4-5, 5-6 e 6-1, resultando na distribuição final do quadro **D**, atingida em vinte horas.

Capítulo 17 - Paradoxos e questões mal formuladas

Gatos caçando ratos

Se 3 gatos matam 3 ratos em 3 minutos, quantos gatos são necessários para matar 100 ratos em 100 minutos?

Venda atrapalhada

João vendeu sua bicicleta para José por R$ 100,00. Após uma semana de uso, descontente, José a vendeu de volta para João por R$ 80,00. Em seguida, João vendeu a mesma bicicleta, por R$ 90,00, para Mário. Qual foi o lucro de João nessas transações?

Quantos gatos matam os ratos

Se um gato mata um rato em 3 minutos, agindo sozinho, então 3 gatos podem matar 99 ratos em 99 minutos, mas se o centésimo rato for morto por um único gato, a tarefa seria completada em 102 minutos, requerendo mais de 3 gatos para ser completada em 100 minutos.

Se a estratégia de ataque é diferente, quando 3 gatos, em conjunto matam um rato em um minuto, então realmente os 3 gatos podem matar os 100 ratos em 100 minutos.

A questão é ambígua, pois falta informação sobre a maneira como os gatos matam os ratos, se individualmente ou se podem agir em conjunto.

Lucro na venda atrapalhada

Se João comprou de volta a bicicleta por R$ 80,00 e a vendeu por R$ 90,00, claramente teve um lucro de R$ 10,00. Mas não se tem informação do valor da bicicleta, para calcular a lucro de toda a transação, a única coisa que se pode saber é que, após a primeira transação, João lucrou R$ 10,00.

Se a bicicleta valia R$ 110,00, João não teve nem lucro nem prejuízo. Se valia mais, ele teve prejuízo e, se valia menos, lucro. Mais uma vez falta informação na formulação do problema.

Dígitos faltantes

Um problema de Sam Loyd, selecionado e editado por Martin Gardner, mostra uma divisão com dígitos faltantes, que devem ser reconstruídos.

```
6 * 8 * * *   | * * 9
* * * 2       |------
-------         * 5 3
  * 9 * *
  * * 4 *
  -------
    * * 4 *
    * * * *
    -------
          0
```

A solução indicada, 638897 ÷ 749 = 853 é válida, mas não é única, podendo ainda admitir as soluções

698607 ÷ 819 = 853

608967 ÷ 639 = 953

618497 ÷ 649 = 953

628027 ÷ 659 = 853

É conveniente que esse tipo de problema tenha solução única.

READ ± THIS = PAGE

Descubra os dígitos que correspondem às letras, nas duas expressões READ+THIS=PAGE e READ-THIS=PAGE, sendo que em cada expressão, evidentemente, corresponderão diferentes dígitos para as mesmas letras.

```
    R  E  A  D          R  E  A  D
+   T  H  I  S      -   T  H  I  S
--------------      --------------
    P  A  G  E          P  A  G  E
```

Maxey Brooke apresenta o problema com as soluções 3285+1607=4892 e 5809–3741=2068, mas um pequeno programa gerou 72 diferentes soluções para a adição e 96 para a subtração. É um caso extremo de múltiplas soluções.

Um é igual a dois

Esta é uma demonstração simples de que um é igual a dois. Sejam dois valores quaisquer, a e b, de forma que

$$a = b$$

Multiplicando ambos os membros da equação por a, fica-se com

$$a^2 = ab$$

Subtraindo b^2 de ambos os lados, ficamos com

$$a^2 - b^2 = ab - b^2$$

Fatorando ambos os termos fica

$$(a+b).(a-b) = b.(a-b)$$

E dividindo os dois lados por $(a\text{-}b)$, resta

$$(a+b) = b$$

E como $a = b$, pode-se escrever

$$2b = b$$

E, dividindo por b, fica

$$2 = 1$$

Onde está o problema?

Peso do elefante e da mosca

Os pesos de um elefante e de uma mosca são comparados e vamos provar que são iguais. Seja x o peso do elefante e y o peso da mosca, e vamos supor que

$$x + y = 2k$$

Dessa equação podemos escrever as seguintes,

$$x - 2k = -y \text{ e}$$

$$x = -y + 2k$$

Multiplicando os primeiros e segundos membros das equações resulta em

$$x^2 - 2kx = y^2 - 2ky$$

e somando k^2 nos dois lados, fica

$$x^2 - 2kx + k^2 = y^2 - 2ky + k^2$$

Fatorando os dois lados da equação resulta em

$$(x - k)^2 = (y - \mathrm{k})^2$$

Extraindo a raiz quadrada nos dois lados fica

$$x - k = y - \mathrm{k}$$

e finalmente, somando k nos dois lados, fica-se com

$$x = y$$

ou seja, os pesos do elefante e da mosca são iguais.

Nesse caso, onde está o problema?

Dois é maior que três

Um quarto é maior que um oitavo, que também pode ser escrito

$$\left(\frac{1}{2}\right)^2 > \left(\frac{1}{2}\right)^3$$

O logaritmo de uma potência é igual ao expoente multiplicado pelo logaritmo da base, portanto, podemos escrever

$$2.\log\left(\frac{1}{2}\right) > 3.\log\left(\frac{1}{2}\right)$$

e, dividindo pelo logaritmo de um meio resulta em $2 > 3$. Pode?

Falha no um é igual a dois

O problema todo reside na divisão por $(a\text{-}b)$, pois como $a = b$, $(a\text{-}b) = 0$, ou seja, efetuou-se uma divisão por zero, o que pode justificar qualquer resultado.

Erro no peso do elefante e da mosca

Nesse caso o problema reside na extração da raiz quadrada, pois a raiz quadrada de $(x - k)^2$ tanto pode ser $x - k$ como $k - x$, e o resultado correto deveria ser $k - x = y - \mathrm{k}$.

Dois não é maior que três

O problema é que, se *a* e *b* são menores que um, seus logaritmos são negativos, e se $a>b$, $\log(a)<\log(b)$, concluindo-se que $2<3$.

Área perdida

Um terreno quadrado de 20 x 20 metros é dividido por uma diagonal que vai do vértice inferior direito até o limite superior do terreno, um metro à direita de seu vértice superior esquerdo. A parte triangular superior desliza sobre a diagonal, como indicado na figura.

O triângulo inferior direito que sobra é exatamente igual ao triângulo que falta na parte superior esquerda, formando um terreno retangular, de 19 m de base e 21 m de profundidade.

Mas, o terreno original tinha 20 x 20 = 400 m^2, e o terreno retangular tem 19 x 21 = 399 m^2. Onde foi parar o metro quadrado que desapareceu?

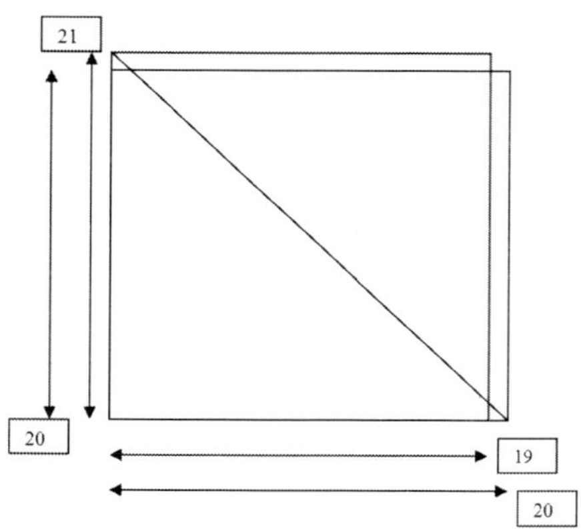

O metro quadrado sumido

Em realidade, a profundidade do terreno retangular não é 21 m, mas um pouco mais, ou exatamente 400/19. O vértice superior esquerdo do triângulo acima do corte, ao deslizar sobre a diagonal, desloca-se um metro para a esquerda, mas mais de um metro para cima. O deslocamento para cima seria de um metro se o corte fosse a 45 graus, o que não é.

A área do terreno retangular, obtida da transformação do terreno quadrado, tem uma área igual a $(400/19).19 = 400\ m^2$.

Capítulo 18 - Desafios de bar

Três moedas

Dois amigos, em um bar, jogadores compulsivos, um deles propôs um jogo que se constituía em jogar três moedas e, se caíssem três caras ou três coroas ele pagaria ao amigo dois reais, senão, este lhe pagaria um real. O amigo, talvez já tendo bebido um pouco além da conta, raciocinou que o resultado de duas moedas necessariamente coincidiria, restando para a terceira coincidir ou não com as outras, com uma chance de cinquenta por cento, portanto, ele deveria ganhar, já que seu ganho seria o dobro.

Com esse resultado, meio a meio de ganhar ou perder, ganhando o dobro do que perderia, apostou e, evidentemente, perdeu. O que estava errado em seu raciocínio?

Cartas viradas

Outro desafio de bar é colocar seis cartas de baralho na mesa, das quais duas são reis, e o desafiante desvirar duas cartas quaisquer. Se pelo menos uma delas for um rei, ele ganhará a aposta, senão perderá. Você aceitaria o desafio?

Círculo de moedas

Este é um jogo simples, para dois jogadores. Forma-se um círculo com qualquer número de moedas adjacentes e os jogadores jogam alternadamente. Cada jogada consiste em retirar do círculo uma moeda ou duas adjacentes na configuração inicial. Ganha o jogador que fizer a última jogada.

A questão é, existe uma estratégia que garanta a vitória para o primeiro ou para o segundo jogador? E se quem retirar a última moeda é o perdedor?

Probabilidades nas três moedas

A primeira moeda poderia apresentar cara ou coroa, da mesma forma que a segunda e a terceira moedas. As duas primeiras moedas poderiam se apresentar em quatro configurações diferentes, e as três moedas em oito configurações diferentes. Dessas oito configurações, somente duas apresentam três caras ou três coroas, portanto, a probabilidade de ele ganhar é de duas em oito, ou um quarto, perdendo com uma probabilidade complementar de três quartos.

Em média, então, a cada quatro jogadas ele ganharia dois reais e pagaria três, perdendo em média um real a cada quatro jogadas.

Desafio dos reis

Numerando as cartas de 1 a 6, existem 15 diferentes possibilidades de escolher o par de cartas que serão desviradas, 1-2, 1-3, 1-4, 1-5, 1-6, 2-3, 2-4, 2-5, 2-6, 3-4, 3-5, 3-6, 4-5, 4-6 e 5-6. Supondo que as cartas 1 e 2 são os reis, nove desses pares terão pelo menos um rei, uma probabilidade 9/15 ou sessenta por cento. O desafio não deve ser aceito, pois você perderá, em média, três de cada cinco rodadas.

Estratégia vitoriosa para o círculo de moedas

O segundo jogador tem uma estratégia garantidamente vencedora. Se for um número par de moedas, ele sempre repete a jogada simétrica do primeiro jogador, deixando sempre pares de grupos de moedas não adjacentes com a mesma quantidade, uma configuração segura.

Qualquer jogada seguinte do adversário pode ser retornada a uma posição segura, retirando a mesma quantidade de moedas, uma ou duas, simétricas às retiradas por ele. No final, restando apenas dois pares de moedas, se o adversário retira duas ele retira uma, deixando a última, e se o adversário retira uma, ele retira duas do outro grupo.

Se o número de moedas é ímpar, após a primeira jogada em que o primeiro jogador retira só uma moeda, o segundo jogador retira duas moedas, deixando dois grupos com o mesmo número de moedas. Se na primeira moeda o primeiro jogador retira duas moedas, o segundo jogador retira só uma moeda, com o mesmo resultado.

A mesma estratégia pode ser aplicada se a regra estabelecer que o perdedor é o que retira a última moeda, modificando-se o procedimento no final, quando restarem somente dois grupos com apenas duas moedas em cada um. A propósito, rigorosamente, deveríamos referir a uma circunferência, e não a um círculo de moedas.

Mais uma vez aparece o conceito de partição. Todas as possíveis configurações das moedas podem ser classificadas em dois grupos, um deles dito *seguro*, quando existem pares de conjuntos não adjacentes com o mesmo número de moedas, e outro *inseguro*, quando a situação não se verifica.

Após a primeira jogada, qualquer que seja, o segundo jogador pode sempre deixar para seu oponente uma configuração segura. Qualquer jogada em uma configuração segura a transformará em insegura, e a jogada subsequente pode sempre novamente transformá-la em segura. Assim, o segundo jogador manterá estrito controle do jogo até o seu final.

O Ano Passado em Marienbad

Um filme dirigido por Alain Resnais é um ícone do cinema novo francês (em 1961), e difundiu um jogo antigo, conhecido na china como o jogo do Nim. É um jogo para dois participantes, que consiste em colocar em uma mesa quatro linhas de palitos, uma com um palito, a segunda com três, a terceira com cinco e a quarta com sete palitos.

Os participantes jogam alternadamente, podendo em cada jogada retirar de um à totalidade de palitos de uma única linha, perdendo o participante que retirar o último palito. No filme, o desafiado (no caso, a desafiada), inicia o jogo e sempre perde.

Existe uma estratégia que garante a vitória para o segundo jogador, partindo dessa configuração inicial. Uma posição que garante a vitória é deixar para o oponente três linhas com um, dois e três palitos, duas linhas com o mesmo número de palitos ou três linhas com um palito em cada uma. As jogadas sempre podem ser direcionadas para deixar uma dessas configurações.

É deixado como um exercício a estratégia final, a partir das configurações 1-2-3, n-n e 1-1-1. A questão é como controlar o jogo para chegar a uma dessas configurações vencedoras.

Configurações seguras e inseguras

Uma configuração de qualquer número de linhas com qualquer número de palitos em cada linha pode ser classificada como segura ou insegura pelo procedimento descrito a seguir.

Expressa-se o número de palitos em cada linha na notação binária, no caso da configuração inicial, 1 como 001, 3 como 011, 5 como 101 e 7 como 111. Somando os dígitos das representações binárias, agora na base decimal, chega-se a 224. Se todos os algarismos da soma são pares, a configuração é segura, sendo insegura se qualquer dígito da soma é ímpar.

A questão fundamental agora é que cada jogada sobre uma configuração segura a transforma em insegura, e sempre existe uma jogada sobre uma configuração insegura que a transforma em segura. A estratégia consiste em deixar sempre uma configuração segura para o oponente, recebendo necessariamente, após sua jogada, uma configuração insegura que será novamente transformada em uma configuração segura, para a jogada seguinte do oponente.

Sistemas de numeração

O sistema de numeração posicional de base dez, que usamos normalmente, representa quantidades por uma sequência de dígitos, onde o mais à direita, representa a quantidade de unidades e, os seguintes, à esquerda, as quantidades de dezenas, centenas, milhares etc., as sucessivas potências de dez. Os dígitos, da direita para a esquerda, podem ser designados como de ordem 0, 1, 2 etc. Lembre que qualquer número elevado ao expoente zero é igual a um.

No sistema binário, ou de base dois, os valores representados pelos dígitos, da direita para a esquerda, serão 1, 2, 4, 8, 16 etc., as sucessivas potências de dois. O número decimal 18, por exemplo, será representado em binário como 10010, que será lido como uma vez 16, mais nenhuma vez oito, mais nenhuma vez 4, mais uma vez 2 mais nenhuma vez 1.

Na formulação original do problema, 1 será representado por 1, 3 por 11 (2+1), 5 por 101 (4+1) e 7 por 111 (4+2+1). A soma, dígito a dígito, como decimal, resultará em 224, indicativo de uma posição segura. Se o oponente retirar, por exemplo, três palitos da quarta linha, a configuração ficará 1, 3, 5, 4.

Para, na sua jogada, transformar de volta em uma configuração segura, você pode tirar todos os palitos da segunda linha.

Inicial											
1	0	0	1	1	0	0	1	1	0	0	1
3	0	1	1	3	0	1	1	0	0	0	0
5	1	0	1	5	1	0	1	5	1	0	1
7	1	1	1	4	1	0	0	4	1	0	0
	2	2	4		2	1	3		2	0	2

Se a jogada do oponente foi tirar um palito da terceira linha, você pode tirar um palito da primeira, segunda ou quarta linha, deixando uma posição segura.

Inicial											
1	0	0	1	1	0	0	1	1	0	0	1
3	0	1	1	3	0	1	1	3	0	1	1
5	1	0	1	4	1	0	0	4	1	0	0
7	1	1	1	7	1	1	1	6	1	1	0
	2	2	4		2	2	3		2	2	2

Você pode desafiar seu oponente a formar quantas linhas com quantos palitos quiser em cada linha, e você diz quem faz o primeiro movimento. Se a configuração montada não for segura, você começa, transformando-a em uma configuração segura, senão seu adversário deve começar.

Variação do final

O jogo pode ser realizado com a mesma estratégia se a regra for que o ganhador é o último a retirar o(s) palito(s) da última linha restante. Você pode abrandar o desafio, deixando seu oponente arranjar os palitos, você decide quem joga primeiro, e seu oponente decide se quem retira o(s) último(s) palito(s) ganha ou perde.

É uma expectativa de muitas cervejas de graça, enquanto você encontrar amigos dispostos a aceitar o desafio.

Referências

Barr, S. Mathematical Brain Benders. N.Y., Dover, 1969.

Bono, E, The five-day course in thinking. Signet Books, 1967.

Bono, E. I am right – you are wrong. Penguin Books, 1991.

Brooke, M. 150 puzzles in crypt-arithmetic. N.Y., Dover, 1963.

Dewdney, A.K. 20.000 léguas matemáticas: um passeio pelo misterioso mundo dos números. RJ, Zahar, 2000.

Dudeney, Henry Ernest. Amusements in Mathematics. 1917.

Gardner, M. Mathematical Puzzles of Sam Loyd. Dover, N.Y., 1959.

Gardner, M. Entertaining Mathematical Puzzles. Dover, N.Y., 1986.

Gardner, M. Perplexing Puzzles and Tentalising Teasers. N.Y. Dover, 1988.

Gardner, M. Divertimentos Matemáticos. Ibrasa, 1998.

Hofstadter, D. Fluid Concepts and Creative Analogies. N.Y., Basic Books, 1995.

Huff, D. How to take a chance. Penguin Books, 1965.

Jeffrey, Andrew. Aumente sua habilidade com números. Pub, liFolha, 2010.

Kordemsky, B. A. The Moscow puzzles. Dover, 1992.

Mosteller, Frederick. Fifty Challenging Problems in Probability. N.Y. Dover, 1987.

Perelman, Y.I. Matemáticas Recreativas. Editorial Paz.

Perelman, Y.I. Álgebra Recreativa. Editorial Paz.

Phillips, H. My Best Puzzles in Mathematics. N.Y., Dover, 1961.

Polya, G. A Arte de Resolver Problemas. RJ, Interciência, 1995.

Samoilovich, Daniel. Los Acertijos de Sam Loyd. B.Aires, RBA Libros, 2007.

Shasha, D. The Puzzling Adventures of Dr. Ecco. N.Y., Freeman, 1988.

Shasha, D. Dr. Ecco Mathematical Detective. Dover, 1992.

Smullyan, R. ¿Como se Llama este Libro?. Madrid, Cátedra, 2004.

Stewart, I. Almanaque das Curiosidades Matemáticas. Zahar, 2009.

Stewart, I. Incríveis Passatempos Matemáticos. Zahar, 2010.

Sticker, H. How to Calculate Quickly. Dover, 1955.

Stickels, T. Você é tão esperto quanto pensa? Ediouro, 2005.

Tahan, Malba. O Homem que Calculava. Record, 1996.

Townsend, C.B. O Livro dos Desafios 1. RJ, Ediouro, 2004.

Townsend, C.B. O Livro dos Desafios 2. RJ, Ediouro, 2004.

Wakeling, Edward. Rediscovered Lewis Carroll Puzzles. N.Y. Dover, 1995.

Wickelgren, W.A. How to Solve Mathematical Problems. N.Y., Dover, 1995.

Impressão e acabamento
Gráfica da Editora Ciência Moderna Ltda.
Tel: (21) 2201-6662